扩展Dicke模型中的量子相变和基态特性

赵秀琴 著

中国原子能出版社
China Atomic Energy Press

图书在版编目（CIP）数据

扩展 Dicke 模型中的量子相变和基态特性 / 赵秀琴著.
--北京：中国原子能出版社，2023.10
ISBN 978-7-5221-2633-3

Ⅰ. ①扩…　Ⅱ. ①赵…　Ⅲ. ①量子–相变–研究
Ⅳ. O4

中国国家版本馆 CIP 数据核字（2023）第 193784 号

内 容 简 介

本书介绍了微腔与原子间相互作用的背景，研究了量子光学中的描述光与单原子的相互作用的两种模型 J-C 模型和 Rabi 模型中的基态特性，主要采用的方法是相干态变分法. 还研究了标准的 Dicke 模型和在 7 个方面的拓展的单模光场 Dicke 模型量子相变特性. 最后研究了标准的双模情况下 Dicke 模型和在两种拓展情况下的基态特性和物理量的变化.

扩展 Dicke 模型中的量子相变和基态特性

出版发行　中国原子能出版社（北京市海淀区阜成路 43 号　100048）
责任编辑　刘东鹏
责任印制　赵　明
印　　刷　北京天恒嘉业印刷有限公司
经　　销　全国新华书店
开　　本　787 mm×1092 mm　1/16
印　　张　10.25
字　　数　174 千字
版　　次　2023 年 10 月第 1 版　2023 年 10 月第 1 次印刷
书　　号　ISBN 978-7-5221-2633-3　　　**定　价**　**86.00** 元

前　言

量子相变可用来展现量子关联特性，所以成为多体物理中热门的研究领域. Dicke 模型是研究量子相变现象的代表性模型，它展现了光–物质相互作用系统中的集体现象，且揭示出从正常相到超辐射相的二阶相变. 这种相变有着广泛的应用，尤其应用于量子信息处理. 这种集体效应导致了一些有趣的多体现象，例如在绝对零度时候的相干超辐射相. 虽然模型简单，但展现了多体量子理论中独特的丰富特性.

量子相变一般被认为只有在原子–光子集体耦合强度与两原子能极差在同一数量级下才会发生，在相当长一段时间内被认为是一个苛刻的条件. 该条件在包含泵浦激光的腔量子电动力学的强耦合区可实现，当能级分裂可被调到足够小时，超辐射量子相变可在实验中观测到. 实验中通过控制泵浦激光强度在一个四能级原子组中引入两个光学拉曼跃迁来观测 Dicke 量子相变.

Holstein-Primakof（H-P）变换方法是多数关于 Dicke 模型量子相变进行理论分析的研究方法，它将赝自旋转变为一个单模玻色算符. 在热力学极限下（$N\rightarrow\infty$），该模型简化为一个两模的玻色哈密顿量，其基态可由玻色相干态变分法获得. 本书中采用光场与自旋相干态的直积作为试探波函数来获得能量泛函. 基于自旋相干态变分法我们可以得到宏观多粒子量子态的解析解、能量谱线、原子布居数和平均光子数分布，并展示出在实验参数区域下多稳的宏观多粒子量子态的丰富相图.

本书共分 4 章：

第 1 章微腔与原子间相互作用背景介绍，包括量子相变的概念，电磁场的二次量子化与简介 Jaynes-Cummings（J-C）模型，Rabi 模型，Dicke 态与超辐射现象并用 H-P 变换求解相变点和基态的物理量，多模 Dicke 模型的量子相变.

第 2 章相干态及其应用，介绍单模光场相干态的定义及性质，角动量相干态或 SU（2）相干态及其性质，两种方法自旋相干态法和严格数值对角化解 Rabi 模型的基态能量用自旋相干态变分法解标准的 Dicke 模.

J-C 模型描述的是单模量子化的电磁场和腔内单个原子之间的相互作用. J-C 模型是除了旋波近似以外不作任何假定的二能级模型，无论在薛定谔绘景还是海森堡绘景中都是精确可解的. 在单模的量子光场中，如果初始光场处于相干态，那么原子响应就会出现复杂的“塌缩”和“复原”效应；如果光场的初始态是纯的 Fock 态，原子则会呈现出周期性的正弦振荡.

用 Rabi 模型来进行描述，它的实质是产生光场的腔和原子交换光子，从而使得原子可在两个能级上跃迁，光子处于耦合系统可产生和湮灭，结果形成了 Rabi 振荡. 用场和原子都取相干态方法研究了 Rabi 模型的基态能量，并与严格数值对角化解 Rabi 模型的基态能量相比较，不论在蓝移（光子频率大于原子频率）和红移（光子频率小于原子频率）光子数取值不是很大（300）已经符合得很好，说明这种方法也适合于单个原子的研究.

同样用这种方法研究 Dicke 模型所得到的相变点、平均光子数、基态能量和原子布居数分布与 H-P 变换所得的结论完全符合.

第 3 章求解单模拓展的 Dicke 模型的基态解，包括了 7 个方面：考虑场的平方项；考虑原子之间的相互作用；考虑外激光驱动的机械振子腔；考虑自旋和轨道的相互作用；考虑场的磁效应和电效应；单模光腔中两组分的玻色 – 爱因斯坦凝聚的共存态和量子相变特性；最后研究扩展 Dicke 模型中的量子相变和 Berry 相，解释了不仅会有二级量子相变存在，也存在一级量子相变. 存在由正常相到超辐射相的也有反转的超辐射到正常相的量子相变. 有超辐射的塌缩和布居数反转，或还有多个稳定态共存.

第 4 章双模光场的 Dicke 模型分为三部分：不同失谐情况下双模 Dicke 模型的基态特性；双模光腔中非线性相互作用引起的量子相变和共存态的特性；用 Hessian 矩阵分析原子和场耦合系数不相等双模光机械腔中 BEC 基态特性.

本书中的资料来源于作者 2012—2017 年在山西大学理论物理所梁九卿教授组的学习所获得的知识和出版的文章. 在这里，谨向我的导师梁九卿教授致以最崇高的敬意和最衷心的感谢！感谢这么多年来梁老师对我这个编外学生的教诲和指导，我的每一步成长都离不开梁老师的指导，从研究方向的确立与选题，到论文的最终定稿与发表，都倾注了梁老师的大量辛劳与心血. 梁老师在科研上渊博的学识、严谨的态度和勤勉的精神，生活中坦荡的胸怀、朴实的人格和淡泊名利的人生态度，都是我在工作与生活中学习的榜样！能够成为梁老师的学生，是我的荣幸，我倍加珍惜这份荣誉！

感谢山西大学理论所所长聂一行教授提供的在山大理论所免费学习的机会，感谢山大的老师刘妮对我的支持，感谢我们组的同学连进玲、张原维、薛乃涛、王志梅、白学敏，还有在山大学习的李鹏飞、高雅琴、李岩、王红梅等的帮助. 非常感谢太原师范学院领导和同事的帮助. 同时也感谢我家人的支持！

目　录

第 1 章　微腔与原子相互作用背景介绍

1.1　量子相变

相变是指物质从一种相转变为另一种相的过程，例如，随着温度的升高，冰融化成水，铁磁体转变成顺磁体，这些都是相变. 在经典体系中，相变是粒子相互作用与热运动竞争的结果，相变过程常伴随着对称性破缺. 19 世纪 60 年代末，人们就开始对相变进行研究. 到 20 世纪 70 年代，经典相变基本可以建立在对称破缺、序参量涨落和重整化群基础上的 Landau-Ginzburg-Wilson 理论来普适描述.

那么，在热力学零度是否还会有相变？根据经典的相变观点，在绝对零度时，热涨落已经被完全抑制，相变应该不再发生，然而，根据海森堡不确定性原理，微观粒子的动量和坐标不可能同时确定. 因此，即使在绝对零度，粒子仍然具有“零点能”，存在量子涨落，类似经典相变中的热涨落，量子涨落同样可诱导量子相变.

量子相变是当今凝聚态物理的一个重要的前沿研究领域，广泛存在于不同的量子材料中. 量子材料是现代量子信息产业技术的基础，这类材料中的电子关联和量子效应可以诱导新型电子集体行为，产生新颖的量子态或宏观量子现象. 当一个量子有序态在非温度参量，如压力、磁场等的调控下而逐渐被抑制到绝对零度时，该体系将经历一个量子相变（见图 1.1.1）. 如果量子相变为一个连续的二级相变，则存在量子临界点，其量子临界涨落会影响有限温度的物理性质，出现一个量子临界区域.

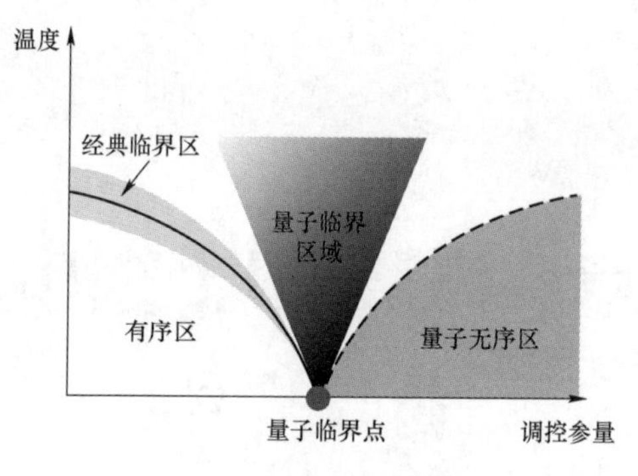

图 1.1.1　量子相变示意图

1.2　Dicke 模型

1954 年，Dicke 模型被首次提出，描述的是 N 个全同的二能级原子与辐射场模之间的耦合. 最初 Dicke 模型主要研究超辐射现象，即在一定物理环境中全同原子相干自发辐射光子的速率戏剧性地急剧增长. 同时，Dicke 模型在量子光学、固体物理学、量子信息等领域都有很多应用价值. Dicke 模型的相变被确定为二级经典相变. 超辐射多模系统的热力学性质也被研究，给出热力学不稳定性的物理条件. 1985 年，S.chu 小组成功实现了激光冷却原子的实验，开拓了研究低温下气体物理的新方向. 随后，冷原子物理的研究也有了重要进展. 1995 年，玻色－爱因斯坦凝聚（BEC）的实现成为了超冷 BEC 研究的里程碑. 通过把玻色－爱因斯坦凝聚体耦合到量子化的高精细光腔，可以把原子整体性地、可控制性地与腔场进行耦合，并通过分析能谱验证腔与 BEC 之间是单一激发. 光腔可用来提高原子与光场之间的相互作用强度，从而使系统中原子与光场的耦合率大于退相干率. 实验中，可以通过朝原子运动基态制冷或者囚禁原子的方式来提高原子与光场的耦合率，但是把 BEC 与光腔进行强耦合实验上仍然很困难.

2007 年，Brennenche 等人在 BEC 与腔相互作用的实验中发现，因为 BEC 中所有的超冷原子都占据在同一个态上，所以超冷原子之间会发生碰撞相互作用，但同时所有超冷原子－光子之间会有集体强相互作用，很多新奇的量子效应的产生正是由于原子－原子碰撞相互作用与原子－光子相互作用进行激烈竞争的结果. 2010 年，Baumann 等人第一次在开放的系统中实现 Dicke

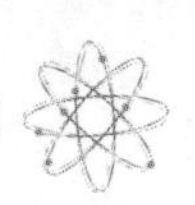

量子相变，捕获到了 Dicke 量子相变. 实验研究表明，Dicke 模型发生的从正常相到超辐射相的二阶量子相变要求原子与光子的集体耦合强度跟二能级原子的能级差在同一数量级. 这种调节在传统原子与光腔相互作用的装置在光腔中囚禁玻色－爱因斯坦凝聚的方法做到了这一点. 这代表在腔-BEC 系统中对原子自组织现象和超辐射相变的探测进入了新的阶段.

1.3　电磁场的量子化与 Jaynes-Cummings 模型

1.3.1　电磁场的量子化

如图 1.3.1 激光在 Fabry-Perot 腔内形成量子化的驻波，并且这种驻波满足无源电磁场的麦克斯韦方程组，在此超镜装置中所用的凹面反射率是 0.999 99，通过计算来调整合适的超镜间距 L，使得 Fabry-Perot 腔中出现较明显的量子化驻波，因这种驻波是由激光形成的，所以它也满足 Maxwell 方程组无源场时的情形，则可列出：

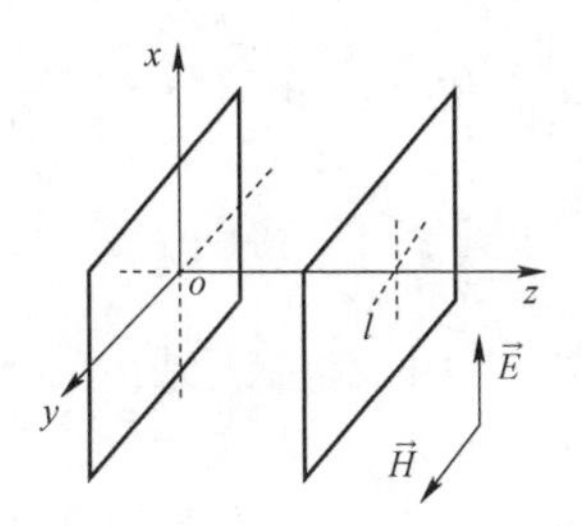

图 1.3.1　两块超反射镜组成的一维 Fabry-Perot 腔

$$\begin{cases} \nabla\times\vec{E}=-\dfrac{\partial\vec{B}}{\partial t} \\ \nabla\cdot\vec{E}=0 \\ \nabla\times\vec{B}=\mu_0\varepsilon_0\dfrac{\partial\vec{E}}{\partial t} \\ \nabla\cdot\vec{B}=0 \end{cases} \tag{1.3.1}$$

其中，μ_0 表示的是真空中电磁率，ε_0 表示的是真空中的电容率，可根据 $\nabla\cdot A$

库伦规范，得出腔中的 Maxwell 波动方程为

$$\nabla^2 \boldsymbol{E} - \frac{1}{c^2}\frac{\partial^2}{\partial t^2}\boldsymbol{E} = 0 \tag{1.3.2}$$

其中，c 为光速，大小为 $c = 1/\sqrt{\mu_0 \varepsilon_0}$，因电场 E 只能沿 x 轴方向传播，对应的磁场 B 沿 y 轴方向传播，如图 1.3.1 箭头标注所示在满足的边界条件为 $E_x(z=0) = E_x(z=L) = 0$. 方程（1.3.2）的特解为

$$E_{xl}(z) = Q_l(t)\sin\left(\frac{l\pi}{L}z\right)(l = 0,1,2,\cdots) \tag{1.3.3}$$

其中，驻波的波矢为 $k_l = l\pi / L$，对应频率为 $\omega_l = k_l c$，将（1.3.3）代入（1.3.2）得出方程的解为

$$\ddot{Q}_k(t) + \frac{l^2\pi^2c^2}{L^2}Q(t) = 0 \tag{1.3.4}$$

沿 y 轴方向传播的磁场为

$$B_{y_l}(z) = \frac{\mu_0\varepsilon_0 L}{l\pi}\dot{Q}_l(t)\cos\left(\frac{l\pi}{L}z\right) \tag{1.3.5}$$

那么在真空中电磁场的能量密度 $w_l = \left(\varepsilon_0 {E_{xl}}^2 + \frac{{B_{yl}}^2}{\mu_0}\right)$

在全空间对能量密度进行积分可以得到电磁场的哈密顿量（Hamiltonian）为

$$H_{em} = \frac{1}{2}\int_0^V\left(\varepsilon_0 {E_x}^2 + \frac{{B_y}^2}{\mu_0}\right)\mathrm{d}V = \frac{1}{2}\left(\frac{\mu_0{\varepsilon_0}^2 V}{2{k_l}^2}\right)[\dot{Q}_l(t)^2 + {\omega_l}^2 Q_l(l)^2] \tag{1.3.6}$$

V 表示的是腔体的体积，现引入产生算符和湮灭算符

$$\begin{cases} a_l = \dfrac{1}{\sqrt{2\omega_l}}(\omega_l q_l + ip_l) \\ a_l^\dagger = \dfrac{1}{\sqrt{2\omega_l}}(\omega_l q_l - ip_l) \end{cases} \tag{1.3.7}$$

其中，$q_l = \sqrt{\mu_0{\varepsilon_0}^2 V / 2{k_l}^2}Q_l$，$p_l = \dot{q}_l$，那么将式（1.3.7）代入式（1.3.6）后可以得到光场哈密顿量的量子化形式，电磁场的哈密顿量可以写作量子谐振子的形式为

$$H_{em} = \frac{1}{2}({p_l}^2 + {\omega_l}^2 {q_l}^2) \tag{1.3.8}$$

对于单模电磁场，哈密顿量为

$$H_{em} = \omega a^{\dagger} a \tag{1.3.9}$$

在 Focke 态 $|n\rangle$ 表象中有 $a^{\dagger}a|n\rangle = n|n\rangle$，$a^{\dagger}|n\rangle = \sqrt{n+1}|n+1\rangle$，$a|n\rangle = \sqrt{n}|n-1\rangle$.

1.3.2　Jaynes-Cummings 模型

Jaynes-Cummings（J-C）模型描述的是单模量子化的电磁场和腔内单个原子之间的相互作用. J-C 模型是除了旋波近似以外不作任何假定的二能级模型，无论在薛定谔绘景还是海森堡绘景中都是精确可解的.

J-C 模型的 Hamiltonian 可写为

$$H = H_{em} + H_{a} + H_{\text{int}} \tag{1.3.10}$$

其中，H_{em} 是电磁场的哈密顿量，H_{a} 是原子的哈密顿量，H_{int} 是它们之间相互作用的哈密顿量. 为了方便起见，真空中的能量将设为 0，推导 J-C 模型量子化辐射场相互作用则采用单玻色子模式场算符 E 来表示，$E_{x}(z) = \varepsilon(a^{\dagger} + a)\sin(k_{l}z)$，其中 $a^{\dagger},a$ 分别是产生和湮灭算符，由于二能级原子相当于 1/2 的状态，可用一个三维的布洛赫矢量来描述（“二能级原子”并不是一个实际的原子自旋，而是一个通用的二能级量子系统的希尔伯特空间共同构成）. $\varepsilon=\sqrt{\omega/\varepsilon_{0}V}$ 所以在偶极近似下，二能级原子与量子化的光场相互作用的哈密顿量可以写作 $H_{\text{int}} = -e\boldsymbol{r}\cdot\boldsymbol{E} = \lambda(\sigma_{+} + \sigma_{-})(a^{\dagger} + a)$ 其中 λ 为描述一个两能级原子与单模光场之间相互作用强度的物理量，$H_{\text{int}} = -\varepsilon d_{eg}\sin(k_{l}z) = \quad d_{eg}\sqrt{\dfrac{\omega}{\varepsilon_{0}V}}\sin(k_{l}z)$

$d_{eg} = e\boldsymbol{r}_{eg}\cdot\boldsymbol{e}$，$\boldsymbol{r}_{eg}$ 是激发态 $|e\rangle$ 到基态 $|g\rangle$ 的极化矢量，$\boldsymbol{e}$ 是电场的单位矢量

原子是通过偏振的耦合作用，可设

$$\sigma_{+} = |e\rangle\langle g|,\ \sigma_{-} = |g\rangle\langle e|,\ \sigma_{z} = |e\rangle\langle e| - |g\rangle\langle g|. \tag{1.3.11}$$

$|e\rangle$ 表示的是激发态能级的极化矢量，$|g\rangle$ 为最低态能级的极化矢量，$\sigma_{+},\sigma_{-},\sigma_{z}$ 都属于 Pauli 算符，它们之间满足 SU（2）对易关系：

$$\begin{cases}[\sigma_{z},\sigma_{\pm}] = \pm\sigma_{\pm}\\ [\sigma_{+},\sigma_{-}] = 2\sigma_{z}\end{cases}$$

将 ω_{a} 设为原子的共振频率，此时相互作用 Hamiltonian 可以表示为：

$$\begin{cases} H_{\text{int}} = e^{iH_0t} H_{\text{int}} e^{-iH_0t} \\ H_0 = \omega a^\dagger a + \dfrac{\omega_a \sigma_z}{2} \end{cases} \tag{1.3.12}$$

再根据 Baker-Campbell-Haussdorf 关系式

$$e^{\alpha A} B e^{-\alpha A} = B + \alpha[A,B] + \frac{\alpha^2}{2!}\big[A,[A,B]\big] + \frac{\alpha^3}{3!}\big[A,\big[A,[A,B]\big]\big] + \cdots$$

由上式，可求得

$$\begin{cases} e^{i\omega a^\dagger at} a^\dagger e^{-i\omega a^\dagger at} = a^\dagger e^{i\omega t} \\ e^{i\omega a^\dagger at} a e^{-i\omega a^\dagger at} = a e^{-i\omega t} \\ e^{i\omega_a \sigma_x t/2} \sigma_+ e^{-i\omega_a \sigma_z t/2} = \sigma_+ e^{i\omega_a t} \\ e^{i\omega_a \sigma_x t/2} \sigma_- e^{-i\omega_a \sigma_z t/2} = \sigma_- e^{i\omega_a t} \end{cases} \tag{1.3.13}$$

从而得到 J-C 模型在相互作用绘景中的 Hamiltonian 为

$$H_{\text{int}} = \frac{\lambda}{2}[\sigma_+ a e^{i(-\omega+\omega_a)t} + \sigma_- a^\dagger e^{-i(-\omega+\omega_a)t} + \sigma_+ a^\dagger e^{i(\omega+\omega_a)t} + \sigma_- a e^{-i(\omega+\omega_a)t}] \tag{1.3.14}$$

在上述$\sigma_+ a, \sigma_- a^\dagger, \sigma_+ a^\dagger$和$\sigma_- a$四个过程，代表的物理意义分别是：

$\sigma_+ a$——原子由最低态$|g\rangle$跃迁到激发的$|e\rangle$态，系统将会吸收一个光子；

$\sigma_- a$——原子由激发的$|e\rangle$态自发辐射到最低的态$|g\rangle$，系统将会吸收一个光子；

$\sigma_+ a^\dagger$——原子由最低的态$|g\rangle$跃迁到激发的$|e\rangle$态，系统将会放出一个光子；

$\sigma_- a^\dagger$——原子由激发的$|e\rangle$态自发辐射到最低态$|g\rangle$，系统将会放出一个光子.

由上述四个过程可知，能量为守恒的状态为$\sigma_+ a$和$\sigma_- a^\dagger$，而$\sigma_- a$和$\sigma_+ a^\dagger$则是两个能量不守恒的状态，即$|\omega - \omega_a| << \omega + \omega_a$. 这两个能量不守恒的反旋波项可运用旋波来近似消除. 二能级原子在这里并不代表的是一个实际的原子自旋，而是通用的希尔伯特空间共同构成 1/2. 原子是通过耦合极化组合而成.

此时，Hamiltonian（1.3.14）则变为

$$H_{\text{int}} = \lambda(\sigma_+ + \sigma_-)(a^\dagger + a) \tag{1.3.15}$$

由上可知，在弱相互作用的情况下（λ很小），能量不守恒的反旋波项aS_-和$a^\dagger S_+$可忽略，此时称把反旋波项忽略的模型为 J-C 模型，它属于一个二能级原子与一个单模光场相互作用，Hamiltonian 可表示为

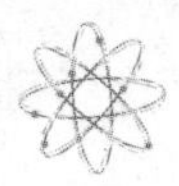

$$H = \omega a^{\dagger} a + \frac{1}{2}\omega_a \sigma_z + \lambda(a\sigma_+ + a^{\dagger}\sigma_-) \tag{1.3.16}$$

式（1.3.16）中，$a^{\dagger}$ 代表光场的产生算符，a 代表湮灭算符；（取 $\hbar = 1$）；ω_a 为单个二能级原子的共振频率，ω 表示的是单模光场的频率，λ 表示的它们之间相互作用的耦合系数. $\omega a^{\dagger} a$ 为单模光场的哈密顿量，$\frac{1}{2}\omega_a \sigma_z$ 为一个二能级原子的哈密顿量，$\lambda(a\sigma_+ + a^{\dagger}\sigma_-)$ 为光场和原子的相互作用.

1.3.3　J-C 模型的周期振荡

如果光场的初始态是纯的 Fock 态，原子则会呈现出周期性的正弦振荡.

将（1.3.16）分解为两部分

$$H_0 = \omega a^{\dagger} a + \frac{1}{2}\omega_a \sigma_z,\quad H' = \lambda(a\sigma_+ + a^{\dagger}\sigma_-) \tag{1.3.17}$$

相互作用绘景中的 Schrödinger 方程是

$$i\frac{\partial \psi(t)}{\partial t} = H'\psi(t) \tag{1.3.18}$$

定义

$$|\psi(t)\rangle = c_+(t)|e,n\rangle + c_-(t)|g,n+1\rangle \tag{1.3.19}$$

$$\begin{cases} \lambda a\sigma_+ c_-(t)|g,n+1\rangle = \lambda\sqrt{n+1}c_-(t)|e,n\rangle \\ \lambda a^{\dagger}\sigma_- c_+(t)|e,n\rangle = \lambda\sqrt{n+1}c_+(t)|g,n+1\rangle \end{cases} \tag{1.3.20}$$

利用上式可得

$$i\dot{c}_+(t)|e,n\rangle + i\dot{c}_-(t)|g,n+1\rangle = \lambda\sqrt{n+1}c_+(t)|g,n+1\rangle + \lambda\sqrt{n+1}c_-(t)|e,n\rangle$$

$$\begin{cases} \dot{c}_+(t) = -i\lambda\sqrt{n+1}c_-(t) \\ \dot{c}_-(t) = -i\lambda\sqrt{n+1}c_+(t) \end{cases} \tag{1.3.21}$$

解此微分方程，并令初始条件为 $|\psi(0)\rangle = |e,n\rangle$，$c_+(0) = 1, c_-(0) = 0$

（1.3.22）

整个系统的波函数随时间振荡

$$|\psi(t)\rangle = \cos(\lambda\sqrt{n+1}t)|e,n\rangle - i\sin(\lambda\sqrt{n+1}t)|g,n+1\rangle \tag{1.3.23}$$

出现的概率随时间的变化是

$$\begin{cases} P_+(t) = |c_+(t)|^2 = \cos^2(\lambda\sqrt{n+1}t) \\ P_-(t) = |c_-(t)|^2 = \sin^2(\lambda\sqrt{n+1}t) \end{cases} \tag{1.3.24}$$

总的概率之和为 1，即 $P_+(t) + P_-(t) = 1$　（1.3.25）

测量原子总体反演$W(t)$（反演算符的期望值）

$$W(t)=\langle\psi(t)|\sigma_z|\psi(t)\rangle=|c_+|^2-|c_-|^2=\cos^2(\lambda\sqrt{n+1}t)-\sin^2(\lambda\sqrt{n+1}t)$$
$$=\cos 2(\lambda\sqrt{n+1}t) \tag{1.3.26}$$

如图 1.3.2 所示.

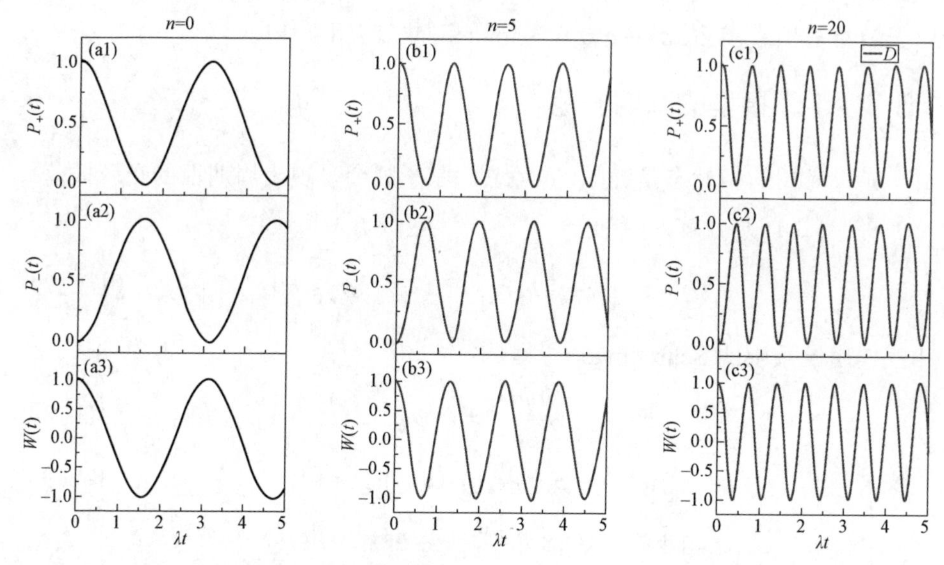

图 1.3.2　$n=0, 5, 20$ 取不同数值分别对应（a）（b）（c）时概率幅

当 $n=0$ 时，没有电磁场的振荡原子则会呈现出周期性振荡. 有电磁场而且强度增大时的振荡，由图可知振荡的频率越来越高. 如果光场的初始态是纯的 Fock 态，原子则会呈现出周期性的正弦振荡.

1.3.4　Rabi 模型

当单个二能级原子与单模光场相互作用之间的耦合强度λ较大时，原来忽略掉反旋波项的 J-C 模型则变得不再适用，反旋波效应起到了一定的作用，则此时需考虑这一项再进行重新研究，此时则变为另外一种模型，用 Rabi 模型来进行描述，它的实质是产生光场的腔和原子交换光子，从而使得原子可在两个能级上跃迁，光子处于耦合系统可产生和湮灭，结果形成了 Rabi 振荡.

Rabi 模型的哈密顿量可以表示为

$$H=\omega a^\dagger a+\omega_a S_z+\frac{\lambda}{2}(a^\dagger+a)(S_++S_-) \tag{1.3.27}$$

1.4　Dicke 态与超辐射现象

1.4.1　Dicke 态

J-C 模型作为最简明的光与原子之间相互作用的物理系统，合理的描述了单个二能级原子与单模光场之间相互作用时的物理机制. 而 Dicke 模型则进一步描述了单模量子化的电磁场跟全同的 N 个二能级原子之间的相互作用. 如果原子进行自发辐射会产生非相干的光场，那么 N 个彼此独立的激发原子在辐射过程中产生的荧光强度就会是单个原子的 N 倍，但是，若进行激发的 N 个原子之间存在一种关联，那么它们自发辐射产生的光强就不再正比于 N，而是与 N^2 成比例关系，而脉冲宽度却与 N 成反比. 在 Dicke 模型中，随着原子－场耦合强度的不断增强，产生了新奇的量子相变. 从正常相到超辐射相的相变过程中，在高于临界原子－场耦合强度时，原子布居数和平均光子数会随着原子－场耦合强度的增大而增大；平均能量却以更大的速率随着原子－场耦合强度的增大而减小，转化为光场的相干能. 如果系统有 N 个二能级原子，并且原子的尺寸远远小于光场的波长，那么这个二能级原子系统与单模电磁场相互作用下可以写作

$$H = \omega_0 a^\dagger a + \sum_{i=1}^{N} \omega_a s_i^z + \frac{g}{2\sqrt{N}}(a^\dagger + a)\sum_{i=1}^{N}(s_i^- + s_i^+) \tag{1.4.1}$$

该系统在旋波近似下消除能量不守恒项可以写作 T-C 模型

$$H = \omega_0 a^\dagger a + \sum_{i=1}^{N} \omega_a s_i^z + \frac{g}{2\sqrt{N}}\left(a^\dagger \sum_{i=1}^{N} s_i^- + a\sum_{i=1}^{N} s_i^+\right) \tag{1.4.2}$$

式中 $s_i, s_i^z, s_i^\pm$ 是指第 i 个原子的算符，ω_a 为二能级原子的共振频率. 可以引入 N 个原子系统的集体算符：$J = \sum_{i=1}^{N} s_i, J_\pm = \sum_{i=1}^{N} s_i^\pm$ 其中 J 可以 J_x, J_y, J_z，并且满足对易

$$[J_x, J_y] = iJ_z, [J_+, J_z] = -J_+, [J_-, J_z] = J_-, [J_+, J_-] = 2J_z \tag{1.4.3}$$

算符 J^2 和 J_z 有相同的本征态 $|j,m\rangle$，其本征方程为

$$\begin{cases} J^2|J,M\rangle = J(J+1)|J,M\rangle \\ J_z|J,M\rangle = M|J,M\rangle \end{cases} \tag{1.4.4}$$

其中，J 和 M 分别为自旋量子数和自旋投影量子数，Dicke 称 J 为合作数，其取值分别为

$$\begin{cases} J = -\dfrac{N}{2}, -\dfrac{N}{2}+1, -\dfrac{N}{2}+2, \cdots, \dfrac{N}{2} \\ M = -J, -J+1, \cdots, J \end{cases} \tag{1.4.5}$$

这样就可以把 N 个耦合原子系统的问题简化为求 J^2 和 J_z 的本征态的问题，这样就更有助于我们的计算. 因为 N 个二能级原子是等同的，所以二能级原子系统是兼并的，其简并度可以写作 $\dfrac{N!}{N_+!N_-!}$，式中 N_+ 和 N_- 分别表示处于上能态 $|+\rangle$ 和下能态 $|-\rangle$ 的原子个数.

在辐射场中，任何一个微小的扰动都会破坏原子集合的简并而形成新的本征态，而新的本征态可以看成简并态的线性组合. 以两个二能级原子为例，假如两个二能级原子初始都处于基态，只有一个原子被激发，那么系统将会形成对称态和反对称态的二重简并.

$$|\varphi_s\rangle = \frac{1}{\sqrt{2}}[|+-\rangle + |-+\rangle] \quad |\varphi_A\rangle = \frac{1}{\sqrt{2}}[|+-\rangle - |-+\rangle] \tag{1.4.6}$$

电磁场与两个二能级原子相互作用哈密顿量的相互作用项可以写作

$$H_{\text{int}} = ga^\dagger(S_1^- + S_2^-) + h.c. \tag{1.4.7}$$

将相互作用哈密顿量分别作用在对称态和反对称态上可得

$$(S_1^- + S_2^-)|\Psi_s\rangle = \sqrt{2}|--\rangle, (S_1^- + S_2^-)|\Psi_A\rangle = 0 \tag{1.4.8}$$

可以算出由这两个态跃迁到基态的矩阵元为

$$\langle --|H_{\text{int}}|\Psi_s\rangle = \sqrt{2}g, \langle --|H_{\text{int}}|\Psi_A\rangle = 0 \tag{1.4.9}$$

这表明反对称态不会发生衰变，而对称态将会以两倍于单原子衰变的速率 $2g^2$ 弛豫到基态.

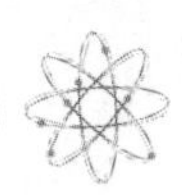

1.4.2　Dicke 模型的超辐射现象

1973 年，Dicke 模型最早被物理学家 Hepp 和 Lieb 论证为由热力学涨落而引起的经典相变. 当时的研究者们认为，在热力学极限下 $N \to \infty$，物理系统存在一个临界温度，即

$$T_c = \frac{\omega_a}{2\omega k_B \arctan\left(\dfrac{\omega \omega_0}{g^2}\right)} \tag{1.4.10}$$

式中 g 为原子与光子的集体耦合强度，k_B 为玻耳兹曼常数. 在 $T > T_c$ 时，体系不会产生集体相干激发；而在 $T < T_c$ 时，体系会产生集体相干激发，进入超辐射相. 随着对于相变问题研究的不断深入，在绝对零温下，由海森堡不确定关系导致量子涨落而引发的量子相变逐渐进入研究者的视线. 1984 年，Hellery 和 Mlodinow 两位研究者首次运用 Holstein-Primafoff（H-P）变换的方法揭示 Dicke 模型的量子相变. 他们认为，在零温下，$g < g_c = \sqrt{\omega \omega_0}/2$ 时，系统处于正常相，在 $g > g_c$ 时，物理系统进入超辐射相. 其中，用 H-P 方法处理标准 Dicke 模型的方法可以归纳为：

首先，在偶极近似和长波极限下，Dicke 模型的哈密顿量可以表示为：（$\hbar = 1$）

$$H = \omega a^\dagger a + \omega_0 J_z + \frac{g}{\sqrt{N}}(a^\dagger + a)(J_+ + J_-) \tag{1.4.11}$$

用 H-P 方法计算 Dicke 模型中的量子相变点和基态特性.

热力学极限

用 H-P 变换方法可以把玻色子模型进行以下变换. 通过变换，哈密顿算符公式如下：

$N \to \infty, j \to \infty$ 在该极限条件下，Dicke 模型发生 QPT，临界条件

$$g_c = \sqrt{\frac{\omega \omega_0}{2}} \tag{1.4.12}$$

破坏了对称性. $g \leqslant g_c$ 正常相，$g > g_c$ 超辐射相.

设：$J_{+}=b^{\dagger}\sqrt{2j-b^{\dagger}b}\qquad J_{-}=\sqrt{2j-b^{\dagger}b}b\qquad J_{z}=b^{\dagger}b-j$ （1.4.13）

玻色算符遵守$[b,b^{\dagger}]=1$.

H-P 转换：

$$\begin{cases}a^{\dagger}\to c^{\dagger}+\sqrt{\alpha};\ b^{\dagger}\to d^{\dagger}-\sqrt{\beta}\\ a\to c+\sqrt{\alpha};\ \ b\to d-\sqrt{\beta}\end{cases}\tag{1.4.14}$$

未定的参数α和β都是关于$0(j)$，相当于这两个模型得到清零，宏观意义上大于g_c，考虑 H-P 变换得：

$$\begin{aligned}H&=\omega_0(b^{\dagger}b-j)+\omega\,a^{\dagger}a+g(a^{\dagger}+a)\left(b^{\dagger}\sqrt{1-\frac{b^{\dagger}b}{2j}}+\sqrt{1-\frac{b^{\dagger}b}{2j}}b\right)\\&=\omega_0[d^{+}d-\sqrt{\beta}(d^{\dagger}+d)+\beta-j]+\omega[c^{\dagger}c+\sqrt{\alpha}(c^{\dagger}+c)+\alpha]+\\&\quad\lambda\sqrt{\frac{k}{2j}}(c^{\dagger}+c+2\sqrt{\alpha})\bullet(d^{\dagger}+d-2\sqrt{\beta})\sqrt{\xi}\end{aligned}$$

在$N\to\infty,j\to\infty$条件下，把$\sqrt{\xi}$极数展开：$k=2j-\beta$

$$\begin{aligned}\sqrt{\xi}&=\left[1-\frac{d^{\dagger}d-(d^{\dagger}+d)\sqrt{\beta}}{k}\right]^{\frac{1}{2}}\\&=1-\frac{d^{\dagger}d-(d^{\dagger}+d)\sqrt{\beta}}{2k}-\frac{1}{8}\left[\frac{d^{\dagger}d-(d^{\dagger}+d)\sqrt{\beta}}{2k}\right]^{2}+\cdots\end{aligned}$$

$$\begin{aligned}H=&\,\omega\,c^{\dagger}c+\left(\omega_0+\frac{2g}{k}\sqrt{\frac{2k\beta\alpha}{2j}}\right)d^{\dagger}d-\left[2\lambda\sqrt{\frac{k\beta}{2j}}-\sqrt{\alpha}\omega\right](c^{\dagger}+c)+\\&\left[\frac{4g}{k}\sqrt{\frac{k\alpha}{2j}}(j-\beta)-\sqrt{\beta}\omega_0\right](d^{\dagger}+d)+\frac{2g}{k}\sqrt{\frac{k}{2j}}(j-\beta)\bullet\\&(c^{\dagger}+c)(d^{\dagger}+d)+\frac{g\beta}{2k^{2}}\sqrt{\frac{k\beta\alpha}{2j}}(2k+\beta)(d^{\dagger}+d)^{2}+\\&\left\{\omega_0(\beta-j)+\omega\,\alpha-4g\sqrt{\frac{k\beta\alpha}{2j}}\right\}-\frac{g}{k}\sqrt{\frac{k\beta\alpha}{2j}}\end{aligned}$$

除去H中玻色算符的线性项：

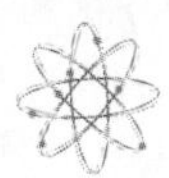

$$\begin{cases} 2g\sqrt{\dfrac{\beta k}{2j}}-\sqrt{\alpha}\omega=0 \\ \dfrac{4g}{k}\sqrt{\dfrac{k\alpha}{2j}}(j-\beta)-\sqrt{\beta}\omega_0=0 \end{cases} \tag{1.4.15}$$

$$\begin{cases} \alpha=\beta=0 \\ \alpha=\dfrac{2g^2}{\omega^2}j(1-\mu^2),\ \beta=j(1-\mu),\ \mu=\dfrac{\omega_0\omega}{4g^2} \end{cases} \tag{1.4.16}$$

相变点是

$$\mu=\frac{\omega_0\omega}{4g^2}=1,\ g_c=\frac{\sqrt{\omega_0\omega}}{2} \tag{1.4.17}$$

$\alpha=\beta=0$ 代表正常相，基态能量为$-\omega_0/2$

$$\alpha\neq\beta\neq 0$$

$$\begin{aligned} E&=\omega_0(\beta-j)+\omega\alpha-4g\sqrt{\frac{k\beta\alpha}{2j}} \\ &=-j\omega_0\mu+j\frac{2g^2}{\omega}(1-\mu^2)-4g\sqrt{\frac{1}{2j}\frac{j2g^2}{\omega^2}(1-\mu^2)j(1-\mu)j(1+\mu)} \\ &=-j\omega_0\mu-j\frac{2g^2}{\omega}(1-\mu^2)=-j\left[\frac{\omega_0^2\omega}{4g^2}+\frac{2g^2}{\omega}-\frac{2g^2}{\omega}\left(\frac{\omega_0^2\omega}{4g^2}\right)^2\right] \\ &=-j\left(\frac{2g^2}{\omega}+\frac{\omega_0^2\omega}{8g^2}\right) \end{aligned} \tag{1.4.18}$$

基态能量的分布

$$\varepsilon=\frac{E}{N}=\frac{E}{2j}=\begin{cases} -\dfrac{\omega_0}{2}, & g\leqslant g_c \\ -\left(\dfrac{g^2}{\omega}+\dfrac{\omega_0^2\omega}{16g^2}\right), & g>g_c \end{cases} \tag{1.4.19}$$

光子数的分布

$$n_p=\frac{\langle a^\dagger a\rangle}{N}=\frac{\alpha^2}{N}=\begin{cases} 0, & g\leqslant g_c \\ \dfrac{g^2}{\omega^2}-\dfrac{\omega_0^2}{16g^2}, & g>g_c \end{cases} \tag{1.4.20}$$

原子布居数的分布

$$\Delta n_a = \frac{\langle J_z \rangle}{N} = \frac{\beta - 1}{N} = \begin{cases} -\dfrac{1}{2}, & g \leqslant g_c \\ -\dfrac{\omega_0 \omega}{8\lambda^2}, & g > g_c \end{cases} \tag{1.4.21}$$

通过用 H-P 变换方法把玻色子模型进行变换得出新的哈密顿量，并计算出了该模型中正常相时的能量表达、超辐射相时的能量表达式、光子数分布和原子布居数分布，量子相变点. 量子相变与量子纠缠、量子混沌等有着深刻的联系，因此研究量子相变具有十分重要的意义.

1.5 多模 Dicke 模型的量子相变

对标准 Dicke 模型的研究绝大多数都是处于单模光场的理论条件下，但在实验上创造高精度的单模光腔并不容易. 近些年来报道的许多文章都表明了对创造单模环境的无比重视，然而，在众多因素影响下，实验上创造一个品质高的单模腔的环境仍然是一个较难的课题. 因此在这种条件下，研究多模场中 Dicke 模型的量子相变成为一个更为现实，更为有意义的课题. 多模 Dicke 模型的哈密顿量可写为

$$H = \sum_{l=1}^{n} \omega_0 a_l^{\dagger} a_l + \sum_{i=1}^{N} \omega_a s_i^z + \frac{g}{\sqrt{N}} \sum_{l=1}^{n} (a_l^{\dagger} + a_l) \sum_{i=1}^{N} (s_i^- + s_i^{\dagger}) \tag{1.5.1}$$

式中，N 为体系原子的数目，在模型为离散场模的条件下，l 的取值范围为 1，2，3，…，n. 因为原子与场的耦合强度与体系原子数平方根的倒数即 $1/\sqrt{N}$ 成比例，所以在哈密顿量中着重突显了 $1/\sqrt{N}$. 依据 Denis Tolkunov 和 Dmitry Solenov 的工作，他们用 H-P 变换写出了模型的有效哈密顿量并且可以在理论上解析求出离散模和连续模两种情形下，物理体系的能谱图，在图 1.5.1 中可以很清楚地描述在相界点附近的物理相变.

图 1.5.1 中的实线为离散模型的能量能谱，参数取值为 $N=10$，$g_k = g\sqrt{\omega_k / 2}$；图中左上角的小图像的纵轴为体系的基态能量；右下方的图像放大展示了临界点附近的区域. 在右下方图像临界点附近，原子从第一激发态塌缩到了基

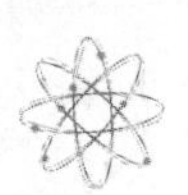

态，转化为光场相干能；该图像也展示了有效混合能级与第一场模的反交叉. 图中的竖直虚线都表示量子相变点. 对今后的理论研究有重要的借鉴意义. 在后面的章节中研究双模与原子之间的相互作用.

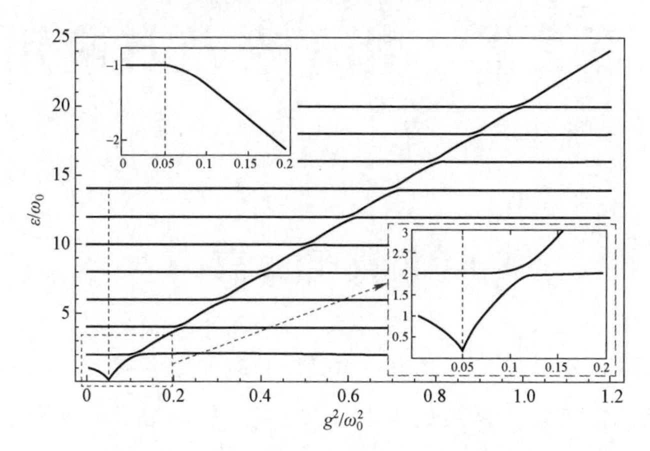

图 1.5.1　离散场模情况下的能量能谱图

第 2 章　相干态及其应用

2.1 引　言

20 世纪 60 年代以来，以解决电磁场问题而著名的 Glauber 相干态成为近几十年来相干态理论发展的重要支撑. Glauber 相干态对描述量子光学领域的物理系统有着非常实用的意义. Glauber 相干态也被证明为电磁场关联函数的本征态，随后，Glauber 把这种态命名为场相干态. 他对场相干态提出了 3 种定义，即：① 将场相干态定义为谐振子湮灭算符的本征态；② 场相干态可以通过位移算符作用于真空态得到；③ 场相干态是具有最小不确定关系的量子态. Glauber 场相干态定义的提出对于自旋相干态理论的诞生、发展和应用有着十分重要的意义.

自旋相干态在本质上是一种具有确定的量子一经典对应关系的宏观量子态. 1926 年，薛定谔提出了谐振子相干态去回应洛伦兹对波函数的经典解释，发现谐振子的位置算符在相干态作用下取平均的时间演化与经典运动很相似. 因此，在量子力学诞生之后，相干态的理论体系很快被发展起来. 然而，在 1926 到 1963 年之间，对于相干态理论的研究一直没能实现突破性进展. 但是在薛定谔首次发表关于相干态文献的大约 35 年之后，即 20 世纪 60 年代，Sudarshan、Glauber 等人首次实现了对相干态理论的应用，并且开创了相干态这一意义非凡的研究领域. 此时的相干态就成为了一个热点话题，并且逐渐地被广泛应用到量子场论、原子物理和量子信息等各领域中，关于相干态的物理评论文章陆续发表. 他们之后又构造了谐振子产生和湮灭算符的本征态用来研究电磁场关联函数，这对量子光学的发展有着重要的意义. 现在，用 Glauber 等人发展的可以用任意 Lie 群表示的相干态突破了谐振子的局限，广

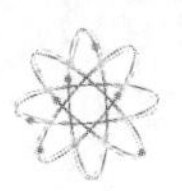

泛地应用到了各种物理问题. 20 世纪 70 年代，Radcliffe 等人提出了 SU（2）自旋相干态的概念，然后 SU（2）自旋相干态又被称作布洛赫相干态或者原子相干态，SU（2）自旋相干态称谓的不同恰恰体现出其在量子物理不同领域中的广泛应用.

利用自旋相干态变换去研究自旋–玻色系统的基态特性已经被实现，与传统的 H-P 方法相比，H-P 方法只有在热力学极限的前提才适用，所以采用了自旋相干态变分法. 自旋相干态变分法区别于 H-P 方法的最大优势在于，可以用它来解决腔-BEC 系统为任意原子数的情况，并且可以直接求出揭示基态能量与体系激发光子数之间关系的能量泛函. 本章详细介绍了关于自旋相干态的物理内容，期望有利于深刻地理解自旋相干态和自旋相干态变分法.

2.2　单模光场相干态的定义

它是最接近经典电磁场的量子态，完全相干的量子光场态，相干态表象理论.

定义单模光场相干态

由式（1.3.9）可知单模光场的哈密顿量，光子湮灭算符的本征态，即

$$\hat{a}|\alpha\rangle=\alpha|\alpha\rangle \tag{2.2.1}$$

相干态 $|\alpha\rangle$ 上被消灭一个光子之后，其状态不变；由于湮灭算符 a 为非厄米算符，所以其本征值为 α 复数. 经典意义上复数 α 对应于单模光场的复振幅. 如图 2.2.1 所示.

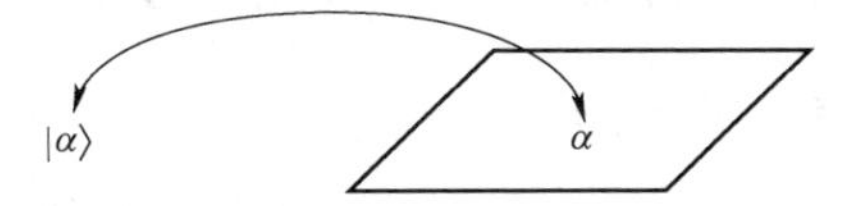

图 2.2.1　一个相干态 $|\alpha\rangle$ 一对一对应复杂的 α 平面

相干态在粒子数态下的表述

$$|\alpha\rangle=\sum_n|n\rangle\langle n|\alpha\rangle \tag{2.2.2}$$

$$(a^{\dagger})^n\left|0\right\rangle=\sqrt{n!}\left|n\right\rangle\to\left\langle n\right|=\left\langle 0\right|\frac{a}{\sqrt{n!}}$$

$$\left\langle n\middle|\alpha\right\rangle=\left\langle 0\right|\frac{\alpha^n}{\sqrt{n!}}\left|\alpha\right\rangle=\frac{\alpha^n}{\sqrt{n!}}\left\langle 0\middle|\alpha\right\rangle \tag{2.2.3}$$

归一化要求 $\left\langle\alpha\middle|\alpha\right\rangle=1$，则由 $\left\langle\alpha\middle|\alpha\right\rangle=\left|\left\langle 0\middle|\alpha\right\rangle\right|^2\sum_n\frac{|\alpha|^{2n}}{n!}=\left|\left\langle 0\middle|\alpha\right\rangle\right|^2\exp\left(|\alpha|^2\right)$

$$\left\langle 0|\alpha\right\rangle=\exp\left(-\frac{1}{2}|\alpha|^2\right) \tag{2.2.4}$$

$$|\alpha\rangle=\exp\left(-\frac{1}{2}|\alpha|^2\right)\sum_n\frac{\alpha^n}{\sqrt{n!}}|n\rangle \tag{2.2.5}$$

相干态的另一种定义方式 $D(\alpha)\left|0\right\rangle=\left|\alpha\right\rangle$

引入位移算符

$$D(\alpha)=\exp(\alpha a^{\dagger}-\alpha^* a) \tag{2.2.6}$$

应用 Backer-Hausdorff 定理，即 $e^{A+B}=e^{-\frac{1}{2}[A,B]}e^A e^B$

$$D(\alpha)=e^{-\frac{1}{2}|\alpha|^2}e^{\alpha a^{\dagger}}e^{-\alpha^* a}$$

因为 $e^{-\alpha^* a}\left|0\right\rangle=0$，所以

$$\left|\alpha\right\rangle=\exp\left(-\frac{1}{2}|\alpha|^2\right)\exp(\alpha a^{\dagger})\left|0\right\rangle \tag{2.2.7}$$

位移算符 $D(\alpha)$ 的性质

归一化算符：因为位移算符 $D^{\dagger}(\alpha)=D(-\alpha)=D^{-1}(\alpha)$，所以 $D(\alpha)D^{\dagger}(\alpha)=1$

平移特性：

$$D^{\dagger}(\alpha)aD(\alpha)=a+\alpha,\quad D^{\dagger}(\alpha)a^{\dagger}D(\alpha)=a^{\dagger}+\alpha^* \tag{2.2.8}$$

对于任一的算符函数符 $f(a,a^{\dagger})$ 有

$$D^{\dagger}(\alpha)f(a,a^{\dagger})D(\alpha)=f(a+\alpha,a^{\dagger}+\alpha^*) \tag{2.2.9}$$

位移算符 $D(\alpha)(D^{\dagger}(\alpha))$ 相当于相干态 $\left|\alpha\right\rangle$ 的产生和湮灭算符.

$$D(\alpha)\left|0\right\rangle=\left|\alpha\right\rangle,D^{\dagger}(\alpha)\left|\alpha\right\rangle=\left|0\right\rangle \tag{2.2.10}$$

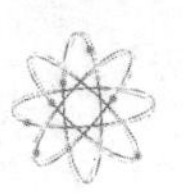

2.3　单模场相干态的性质及应用

2.3.1　单模场相干态的性质

2.3.1.1　相干态是最小测不准波包

考虑谐振子粒子数$|n\rangle$在坐标表象中的波函数表达式$\phi_n(q)=\langle q|n\rangle$

将谐振子的产生和湮灭与坐标和动量算符联系起来有

$$a=\frac{1}{\sqrt{2\omega}}\left(\omega q+\frac{\partial}{\partial q}\right),\ a^{\dagger}=\frac{1}{\sqrt{2\omega}}\left(\omega q-\frac{\partial}{\partial q}\right)$$

对于真空态 $n=0$，有

$$\left(\omega q+\frac{\partial}{\partial q}\right)\phi_0(q)=0$$

得到真空态下的波函数解为

$$\phi_0(q)=\left(\frac{\omega}{\pi}\right)^{\frac{1}{4}}\exp\left(-\frac{\omega q^2}{2}\right) \tag{2.3.1}$$

坐标表象中高阶本征函数可以写成

$$\phi_n(q)=\frac{(a^{\dagger})^n}{\sqrt{n!}}\phi_0(q)=\frac{1}{\sqrt{n!}}\frac{1}{\sqrt{(2\omega)^n}}\left(\omega q-\frac{\partial}{\partial q}\right)^n\phi_0(q)=\frac{1}{\sqrt{2^n n!}}H_n(\sqrt{\omega}\,q)\phi_0(q) \tag{2.3.2}$$

利用递推法可以证明$\left(\frac{\mathrm{d}}{\mathrm{d}z}-z\right)^n e^{-\frac{1}{2}z^2}=e^{\frac{1}{2}z^2}\frac{\mathrm{d}}{\mathrm{d}z^n}e^{-z^2}$

其中，$H_n(z)=(-1)^n e^{z^2}\frac{\mathrm{d}}{\mathrm{d}z^n}e^{-z^2}$，$z=\sqrt{\omega}\,q$ H_n 为 Hermite 多项式，波函数满足正交归一化条件，因此$\int_{-\infty}^{+\infty}\phi_n^*(q)\,\phi_m(q)\mathrm{d}q=\delta_{nm}$

坐标和动量以及它们的平方在粒子数态下面的平均值为

$$q=\sqrt{\frac{1}{2\omega}}(a+a^{\dagger}),\quad p=\frac{1}{i}\frac{\partial}{\partial q}=\frac{1}{i}\sqrt{\frac{\omega}{2}}(a-a^{\dagger})$$

$$\langle q\rangle=\langle p\rangle=0,\ \langle q^2\rangle=\frac{1}{\omega}\left(n+\frac{1}{2}\right),\langle p^2\rangle=\omega\left(n+\frac{1}{2}\right)$$

于是得到坐标与动量的测不准量为

$$(\Delta q)^2=\langle q^2\rangle-\langle q\rangle^2=\frac{1}{\omega}\left(n+\frac{1}{2}\right),(\Delta p)^2=\langle p^2\rangle-\langle p\rangle^2=\omega\left(n+\frac{1}{2}\right)$$

测不准关系为

$$\Delta q\Delta p=\left(n+\frac{1}{2}\right) \tag{2.3.3}$$

可见最小测不准态是基态 $\phi_0(q)$，最小值为 $\hbar/2$. 如何通过简单的谐振运动但保持这个最小测不准波包形状不变？假设在 $t=0$ 时刻，波函数 $\psi(q,0)$ 具有最小测不准波包形式，只是在方向上有一个位移量 q_0，于是有

$$\psi(q,0)=\left(\frac{\omega}{\pi}\right)^{\frac{1}{4}}\exp\left[-\frac{\omega}{2}(q-q_0)^2\right] \tag{2.3.4}$$

该波包随时间的变化可以从 Schrödinger 方程得到.

概率密度随时间的变化为

$$|\psi(q,\ t)|^2=\left(\frac{\omega}{\pi}\right)^{\frac{1}{2}}\exp[-\omega(q-q_0\cos\omega t)^2] \tag{2.3.5}$$

该波包在谐振子势场中来回做简谐振动而形状不变，因此是相干的. 该波包具有最小测不准关系，是最接近经典单模场的量子力学表述形式. 相干的最小测不准波包可以写成

$$\psi(q,0)=\exp\left(-\frac{1}{2}|\alpha|^2\right)\sum_n\frac{\alpha^n}{\sqrt{n!}}\langle q|n\rangle \tag{2.3.6}$$

其中，$\alpha=(\omega/2\hbar)^{\frac{1}{2}}q$，$\phi_n(q)=\langle q|n\rangle$. 不难看出，最小测不准波包 $\psi(q,0)$ 即为相干态下坐标的表达式 $\psi(q,0)=\langle q|n\rangle$ 相干态是最小测不准波包中的一个特例. 如图 2.3.1 所示.

相干态的坐标表示（Schrödinger 波函数）

$$\langle q|\alpha\rangle=\psi_\alpha(q)，\ \langle q|a|\alpha\rangle=\alpha\langle q|\alpha\rangle=\alpha\psi_\alpha(q)$$

$$\frac{1}{\sqrt{2\omega}}\left(\omega q+\frac{\partial}{\partial q}\right)\psi_\alpha(q)=\alpha\psi_\alpha(q)$$

$$\psi_\alpha(q)=A\exp\left\{-\frac{\omega}{2}\left[q-\left(\frac{2}{\omega}\right)^{\frac{1}{2}}\alpha\right]^2\right\}$$

$$\int_{-\infty}^{+\infty}\left|\psi_{\alpha}(q)\right|^{2}\mathrm{d}q=1\text{，}\quad A=\left(\frac{\omega}{\pi}\right)^{\frac{1}{4}}\exp[(\mathrm{Im}\,\alpha)^{2}]$$

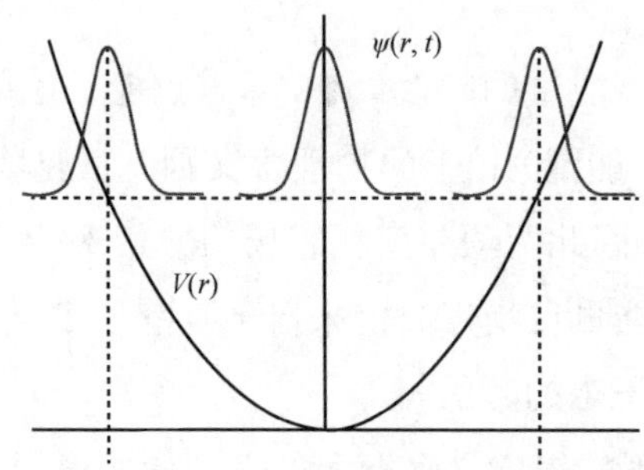

图 2.3.1　在谐振子势场中的最小测不准波包平移运动

位移真空态

$$\psi_{\alpha}(q)=\left(\frac{\omega}{\pi}\right)^{\frac{1}{4}}\exp[(\mathrm{Im}\,\alpha)]\exp\left\{-\frac{\omega}{2}\left[q-\left(\frac{2}{\omega}\right)^{\frac{1}{2}}\alpha\right]^{2}\right\}\tag{2.3.7}$$

2.3.1.2　相干态下测不准关系

在相干态下计算 q 和 p 测不准关系

$$\langle q\rangle=\langle\alpha|\sqrt{\frac{\hbar}{2\omega}}(a+a^{\dagger})|\alpha\rangle=\sqrt{\frac{\hbar}{2\omega}}(\alpha+\alpha^{*})\text{，}\quad\langle p\rangle=i\sqrt{\frac{\hbar\omega}{2}}(\alpha-\alpha^{*})$$

$$\left\langle q^{2}\right\rangle=\frac{1}{2\omega}(\alpha^{2}+2\alpha^{*}\alpha+\alpha^{*2}+1)\text{，}\quad\left\langle p^{2}\right\rangle=-\frac{\omega}{2}(\alpha^{2}-2\alpha^{*}\alpha+\alpha^{*2}-1)$$

计算得到

$$\left\langle(\Delta q)^{2}\right\rangle=\frac{1}{2\omega},\quad\left\langle(\Delta p)^{2}\right\rangle=\frac{\omega}{2}\tag{2.3.8}$$

按测不准原理，由于 $[q,p]=i$，因而有 $\Delta q\Delta p\geqslant 1/2$，在相干态有 $\langle\Delta q\Delta p\rangle=1/2$

上式说明相干态是最小测不准量子态，因而也是量子理论所容许的最接近经典极限的量子态.

相干态的能量起伏

利用不等式 $A^{2}+B^{2}\geqslant 2AB$，我们有 $\frac{1}{2}\left[\left\langle(\Delta p)^{2}\right\rangle+\omega^{2}\left\langle(\Delta q)^{2}\right\rangle\right]\geqslant\Delta q\Delta p\geqslant\frac{\omega}{2}$

对于相干态，此不等式变成等式

$$\frac{1}{2}\left[\left\langle(\Delta p)^2\right\rangle+\omega^2\left\langle(\Delta q)^2\right\rangle\right]=\frac{1}{2}\left(\left\langle p^2\right\rangle+\omega^2\left\langle q^2\right\rangle\right)-\frac{1}{2}\left(\left\langle p\right\rangle^2+\omega^2\left\langle q\right\rangle^2\right)=\frac{\omega}{2}$$

（2.3.9）

该表达式说明相干态下能量的起伏最小，即零点能. 上式右面第一项为场的总能量，第二项代表相干能量. 相干的物理含义因此可见物理量没有起伏没有噪音（零点起伏除外）. 因此两项差值代表场的非相干能量，这表明相干态场是完全相干的，非相干能量（噪声）仅来自于真空的零点能起伏.

2.3.1.3 相空间中相干态的起伏

相空间：一对正则共轭广义坐标和广义动量构成的空间，如 q 和 p，复平面 $\mathrm{Re}(\alpha)$ 和 $\mathrm{Im}(\alpha)$ 构成空间. 算符 a 和 $a^\dagger$ 为非厄米算符，其实部 X_1 和虚部 X_2 定义了两个厄米算符.

$$X_1=\frac{1}{2}(a+a^\dagger),\ X_2=\frac{1}{2}(a-a^\dagger)$$

有对易关系$[a,a^\dagger]=1$，可以得到 X_1 和 X_2 所满足的对易关系 $[X_1,X_2]=-\frac{1}{2i}$

因而厄米算符 X_1 和 X_1 的测不准关系为 $\left\langle(\Delta X_1)^2\right\rangle\left\langle(\Delta X_2)^2\right\rangle\geqslant\frac{1}{16}$.

对于相干态$|\alpha\rangle$，不难计算得到

$$\left\langle X_1\right\rangle=\frac{1}{2}(\alpha+\alpha^*)=\mathrm{Re}(\alpha),\quad \left\langle X_2\right\rangle=\frac{1}{2i}(\alpha-\alpha^*)=\mathrm{Im}(\alpha),$$

$$\left\langle X_1^2\right\rangle=\frac{1}{4}[(\alpha^*+\alpha)^2+1]=\left\langle X_1\right\rangle^2+\frac{1}{4}$$

$$\left\langle X_2^2\right\rangle=-\frac{1}{4}[(\alpha^*+\alpha)^2-1]=\left\langle X_2\right\rangle^2+\frac{1}{4}$$

因此，X_1 和 X_1 的起伏分别为

$$\left\langle(\Delta X_1)^2\right\rangle=\left\langle X_1^2\right\rangle-\left\langle X_1\right\rangle^2=\frac{1}{4},\ \left\langle(\Delta X_2)^2\right\rangle=\left\langle X_2^2\right\rangle-\left\langle X_2\right\rangle^2=\frac{1}{4}$$

可见对于相干态而言，有

$$\left\langle(\Delta X_1)^2\right\rangle\left\langle(\Delta X_2)^2\right\rangle=\frac{1}{16} \qquad (2.3.10)$$

算符 X_1 和 X_1 的真实物理含义为磁场和电场算符，分别对应与电磁场的广义坐

标和广义动量. 电场按行波场和驻波场展开分别有

$$E(\vec{r},t)=i\sqrt{\frac{\omega}{2\varepsilon_0 V}}(ae^{i(\vec{k}-\vec{r}-\omega t)}-a^{\dagger}e^{-i(\vec{k}\cdot\vec{r}-\omega t)})$$

$$=-\sqrt{\frac{\omega}{2\varepsilon_0 V}}[X_1\sin(\vec{k}\bullet\vec{r}-\omega t)+X_2\cos(\vec{k}\bullet\vec{r}-\omega t)]$$

$$E(z,t)=\frac{1}{2}E_c(ae^{-i\omega t}-a^{\dagger}e^{i\omega t})=E_c[X_1\cos\omega t+X_2\sin\omega t]$$

其中，$X_1=\sqrt{\frac{\omega}{2}}q$,　$X_2=\sqrt{\frac{1}{2\omega}}p$

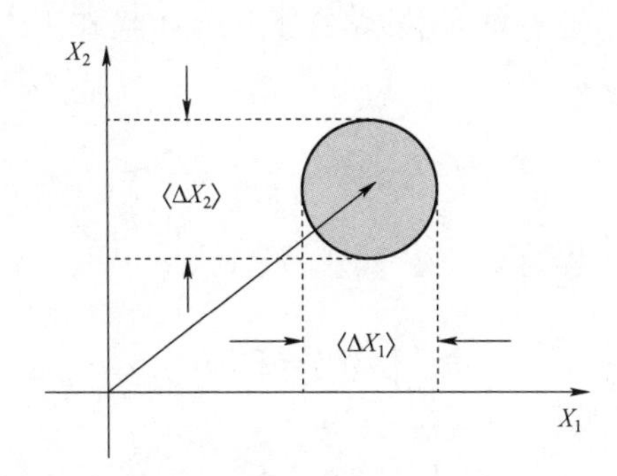

图 2.3.2　相空间中相干态的起伏

因此相干态同样是磁场和电场的最小测不准态，两者起伏相同，与本征值无关，相干态的粒子起伏实质上是真空起伏. 在利用位移算符将真空态演化成相干态的过程中，光场的量子起伏保持不变，完全相干. 如图 2.3.2 所示.

2.3.1.4　相干态下光子数分布

相干态$|\alpha\rangle$下的平均光子数为

$$\langle\alpha|a^{\dagger}a|\alpha\rangle=|\alpha|^2 \tag{2.3.11}$$

在相干态$|\alpha\rangle$下找到 n 个光子的概率为

$$P(n)=\langle n|\alpha\rangle\langle\alpha|n\rangle=\frac{|\alpha|^{2n}e^{-\langle n\rangle}}{n!}=\frac{\langle n\rangle^n e^{-\langle n\rangle}}{n!} \tag{2.3.12}$$

该分布称为泊松分布，处在高于阈值激发激光的光子数分布将会达到这一分布，泊松分布是介于经典光场与量子光场之间的光子数分布，所以泊松分布是划分非经典光场的分水岭. 如图 2.3.3 中 $n=40$ 时的情况.

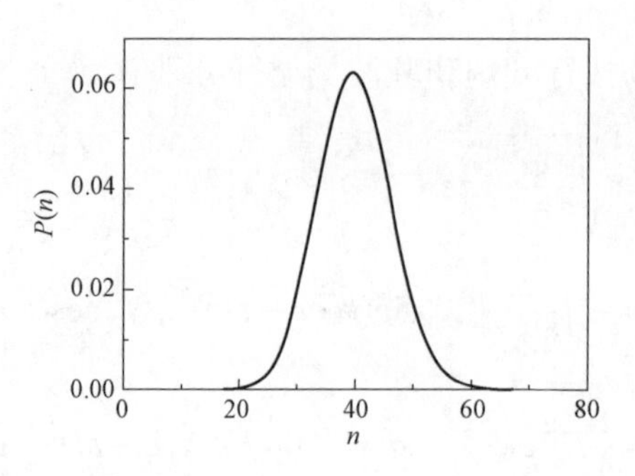

图 2.3.3　光子数分布 $\langle n\rangle = 40$

2.3.1.5　相干态的时间演化

考虑初始处于相干态的单模场在自由运动状态下态矢量随时间变化规律，系统的哈密顿量为

$$H = \omega a^{\dagger} a$$

由 Schrödinger 方程得到

$$i\hbar\frac{\partial}{\partial t}\left|\alpha(t)\right\rangle = H\left|\alpha(t)\right\rangle \tag{2.3.13}$$

考虑到 $\left|\alpha(0)\right\rangle = \left|\alpha\right\rangle$ 有

$$\begin{aligned}\left|\alpha(t)\right\rangle &= \exp\left(-i\frac{Ht}{\hbar}\right)\left|\alpha\right\rangle = \exp(-i\omega a^{\dagger}a)\exp\left(-\frac{1}{2}\left|\alpha\right|^{2}\right)\sum_{n}\frac{\alpha^{n}}{\sqrt{n!}}\left|n\right\rangle \\ &= \exp\left(-\frac{1}{2}\left|\alpha\right|^{2}\right)\sum_{n}\frac{(\alpha e^{-i\omega t})^{n}}{\sqrt{n!}}\left|n\right\rangle = \left|\alpha e^{-i\omega t}\right\rangle\end{aligned} \tag{2.3.14}$$

在自由哈密顿作用下，相干态光场仍保持相干态不变，其复振幅在相平面上的时间轨迹是一个圆.

磁场和电场的分量平均值随时间变化为

$$\begin{cases}\left\langle X_{1}\right\rangle = \left\langle \alpha e^{-i\omega t}\right|\frac{1}{2}(a + a^{\dagger})\left|\alpha e^{-i\omega t}\right\rangle = \left|\alpha\right|\cos\omega t \\ \left\langle X_{2}\right\rangle = \left\langle \alpha e^{-i\omega t}\right|\frac{1}{2}(a - a^{\dagger})\left|\alpha e^{-i\omega t}\right\rangle = \left|\alpha\right|\sin\omega t\end{cases} \tag{2.3.15}$$

电场和磁场周期性交换能量，总能量不变；

电场、磁场及电磁场的噪音不变，仅仅是零点噪音.

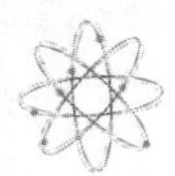

2.3.1.6　相位算符在相干态下的期望值和起伏

$$X_1=\frac{1}{2}(a+a^\dagger)\text{，}\quad |\alpha\rangle=\exp\left(-\frac{1}{2}|\alpha|^2\right)\sum_n\frac{\alpha^n}{\sqrt{n!}}$$

$$\langle\dot{\alpha}|X_1|\alpha\rangle=\frac{1}{2}\exp(-|\alpha|^2)\sum_n\frac{\alpha^{*n+1}\alpha^n+\alpha^{*n}\alpha^{n+1}}{\sqrt{(n+1)!n!}}=|\alpha|\cos\theta\sum_n\frac{|\alpha|^{2n}}{n!\sqrt{(n+1)}}$$

算符的 X_1 中的 $\cos\phi=C$ 期望值与 $\cos\theta$ 成正比，是相干态本征值 α 的幅角.

$$\langle\dot{\alpha}|X_1^2|\alpha\rangle=\frac{1}{2}-\frac{1}{4}\exp(-|\alpha|^2)+|\alpha|^2\left(\cos^2\theta-\frac{1}{2}\right)\sum_n\frac{|\alpha|^{2n}}{n!\sqrt{(n+1)(n+2)}}$$

当时 $|\alpha|^2\gg1$，可采用下面的渐进形式

$$\sum_n\frac{|\alpha|^{2n}}{n!\sqrt{(n+1)}}=\frac{\exp(|\alpha|^2)}{|\alpha|}\left(1-\frac{1}{8|\alpha|^2}+\cdots\right)$$

$$\sum_n\frac{|\alpha|^{2n}}{n!\sqrt{(n+1)(n+2)}}=\frac{\exp(|\alpha|^2)}{|\alpha|}\left(1-\frac{1}{2|\alpha|^2}+\cdots\right)$$

得到

$$\langle\alpha|\cos\phi|\alpha\rangle=\cos\theta\left(1-\frac{1}{8|\alpha|^2}+\cdots\right)$$

$$\langle\alpha|\cos^2\phi|\alpha\rangle=\cos^2\theta-\frac{\cos^2\theta-1/2}{2|\alpha|^2}+\cdots$$

相位 C 的测不准度

$$\langle\Delta C\rangle=\langle\Delta\cos\phi\rangle=(\langle C^2\rangle-\langle C\rangle^2)^{\frac{1}{2}}=\frac{\sin\theta}{2|\alpha|}\tag{2.3.16}$$

同样可以推出相位算符 X_2 中的 $\sin\phi=S$ 的期望值和起伏，此时算符 C 和 S 是对易的，具有相同的本征态.

2.3.1.7　相干态下光子数的起伏

$$N=a^\dagger a,\langle N\rangle=\langle\alpha|N|\alpha\rangle=|\alpha|^2$$

$$\langle\alpha|N^2|\alpha\rangle=\langle\alpha|\ a^\dagger aa^\dagger a|\alpha\rangle=\langle\alpha|[(a^\dagger a)^2+a^\dagger a]|\alpha\rangle=|\alpha|^4+|\alpha|^2$$

$$\langle(\Delta N)^2\rangle=(\langle N^2\rangle-\langle N\rangle^2)=|\alpha|^2=\langle N\rangle,$$

$$\langle(\Delta N)\rangle = (\langle N^2\rangle - \langle N\rangle^2) = |\alpha|$$

$$\frac{\Delta N}{\langle N\rangle} = \frac{1}{|\alpha|} \tag{2.3.17}$$

代入式（2.3.16）得

$$\Delta N(\Delta C) = \frac{1}{2}\sin\theta \tag{2.3.18}$$

当光子数很大时，光子数的相对测不准度接近于 0. 此时，粒子数的精确度和相位的精确程度随着光子数的增大而增大. 这也是为什么说相干态最接近经典光场的量子态的原因.

相干态是非正交的和超完备的状态空间.

2.3.1.8 非正交性

两个相干态的内积为

$$\langle\alpha|\beta\rangle = \exp\left(-\frac{1}{2}|\alpha|^2 - \frac{1}{2}|\beta|^2\right)\sum_{n,m}\frac{\alpha^{*n}\beta^m}{\sqrt{n!m!}}\langle n|m\rangle = \exp\left(-\frac{1}{2}|\alpha|^2 - \frac{1}{2}|\beta|^2 + \alpha^*\beta\right)$$

$$|\langle\alpha|\beta\rangle|^2 = \exp(-|\alpha-\beta|^2) \tag{2.3.19}$$

这意味着对应于不同本征值 α 和 β 的两个相干态并不正交. 这一点和其他正交完备的 Hilbert 函数空间的函数不同. 只有当 $|\alpha-\beta|\gg 1$ 时，即它们在复平面 α 上的点间距远远大于 1，两个相干态重叠很小时，可以认为是正交的. $|\alpha-\beta|$ 的值量度了复平面上相干态 $|\alpha\rangle$ 和 $|\beta\rangle$ 的偏离正交性的程度.

2.3.1.9 具有完全性，形成完全集

尽管相干态是非正交的，但相干态却构成了一个超完备的 Hilbert 态空间，从而构成一个方便的函数基.

相干态 $|\alpha\rangle$ 的态指标 α 可连续取值，并一般定义在整个复平面上. 令 $\alpha=\gamma e^{i\varphi}$，所以

$$\mathrm{d}^2\alpha = \mathrm{d}(\mathrm{Re}\alpha)\mathrm{d}(\mathrm{Im}\alpha) = \gamma\mathrm{d}\gamma\mathrm{d}\varphi$$

$$\frac{1}{\pi}\int \mathrm{d}^2\alpha|\alpha\rangle\langle\alpha| = \sum_{m,n}\frac{|m\rangle\langle n|}{\sqrt{m!n!}}\frac{1}{\pi}\int_0^\infty \mathrm{d}\gamma e^{-\gamma^2}\gamma^{m+n+1}\int_0^{2\pi}\mathrm{d}\varphi e^{i(m-n)\varphi} \tag{2.3.20}$$

利用以下公式

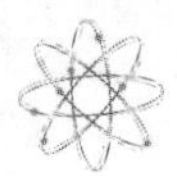

$$\int_0^{2\pi} \mathrm{d}\varphi e^{i(m-n)\varphi} = 2\pi\delta_{m,n}\text{，}\quad \int_0^{\infty} x^n e^{-x}\mathrm{d}x = n!\text{，}\quad \sum_n |n\rangle\langle n| = 1$$

$$2\int_0^{\infty} \mathrm{d}\gamma e^{-\gamma^2}\gamma^{2n+1} = \int_0^{\infty} \mathrm{d}\gamma^2 e^{-\gamma^2}(\gamma^{2n}) = n!$$

相干态的单元分解式，即完备关系为

超完备性

$$\frac{1}{\pi}\int \mathrm{d}^2\alpha |\alpha\rangle\langle\alpha| = 1 \tag{2.3.21}$$

任何一个相干态都可以向这个函数基展开

$$|\beta\rangle = \frac{1}{\pi}\int |\alpha\rangle\langle\alpha|\beta\rangle \mathrm{d}^2\alpha = \frac{1}{\pi}\int |\alpha\rangle \exp\left(-\frac{1}{2}(|\alpha|^2 + |\beta|^2 - 2\beta^*\alpha\right)\mathrm{d}^2\alpha \tag{2.3.22}$$

这意味着相干态可以向所有的相干态展开，注意该展开并不唯一的. 说明相干态空间中的矢量并非线性无关而是线性相关的而且完备的矢量空间，因而是超完备的. 不可能在该空间中减少矢量的数目达到完备性的要求.

2.3.2　单模光场相干态在 J-C 模型中的应用

在 1.3 中如果光场的初始态是纯的 Fock 态，原子则会呈现出周期性的正弦振荡.

如果初始光场处于相干态，由（2.3.11）和（2.3.12）

$$|\alpha\rangle = \sum_{n=0}^{\infty} c_n |n\rangle,\ \ c_n = \frac{N^n e^{-N}}{n!},\ \ \langle n\rangle = N \tag{2.3.23}$$

原子的状态为（1.3.19）$|\psi(t)\rangle = c_+(t)|e,n\rangle + c_-(t)|g,n+1\rangle$

总的波函数为

$$|\varPhi(t)\rangle = |\alpha\rangle \otimes |\psi(t)\rangle = \sum_{n=0}^{\infty} c_n[c_+(t)|e,n\rangle + c_-(t)|g,n+1\rangle] \tag{2.3.24}$$

初始条件定义为

$$|\varPhi(0)\rangle = \sum_{n=0}^{\infty} c_n |e,n\rangle, c_+(t) = 1, c_-(t) = 0 \tag{2.3.25}$$

总的波函数为

$$\left|\Phi(t)\right\rangle=\sum_{n=0}^{\infty}c_n[\cos(\lambda\sqrt{n+1}t)\left|e,n\right\rangle-i\sin(\lambda\sqrt{n+1}t)\left|g,n+1\right\rangle] \tag{2.3.26}$$

这导致了振荡的跃迁概率，但也包括光子态的叠加.

$$\begin{cases}P_+(t)=\left|\left\langle e,n\right|\Phi(t)\right\rangle\right|^2=\sum\limits_{n=0}^{\infty}\dfrac{N^n e^{-N}}{n!}\cos^2(\lambda\sqrt{n+1}t)\\ P_-(t)=\left|\left\langle g,n+1\right|\Phi(t)\right\rangle\right|^2=\sum\limits_{n=0}^{\infty}\dfrac{N^n e^{-N}}{n!}\sin^2(\lambda\sqrt{n+1}t)\end{cases} \tag{2.3.27}$$

反转的原子数表达式

$$W(t)=P_+(t)-P_-(t)=e^{-N}\sum_{n=0}^{\infty}\frac{N^n}{n!}\cos^2(\lambda\sqrt{n+1}t) \tag{2.3.28}$$

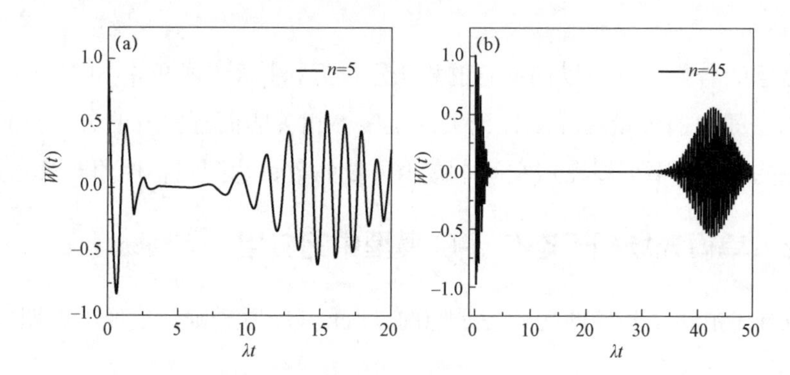

图 2.3.4　在相干态的原子反转中强烈地表现出坍缩和复活现象

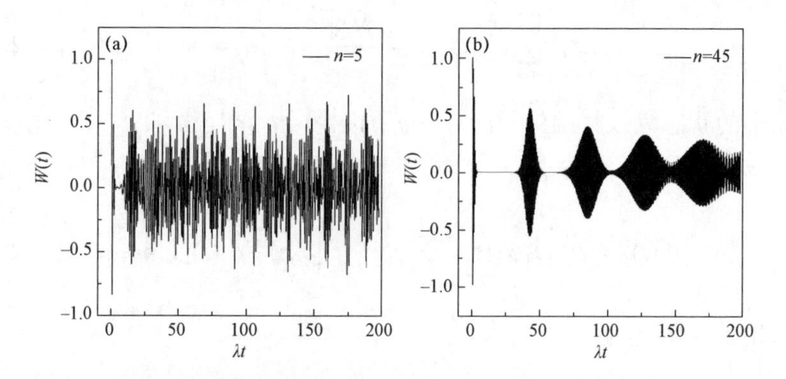

图 2.3.5　崩溃和复苏接近，在较长时间尺度上具有周期

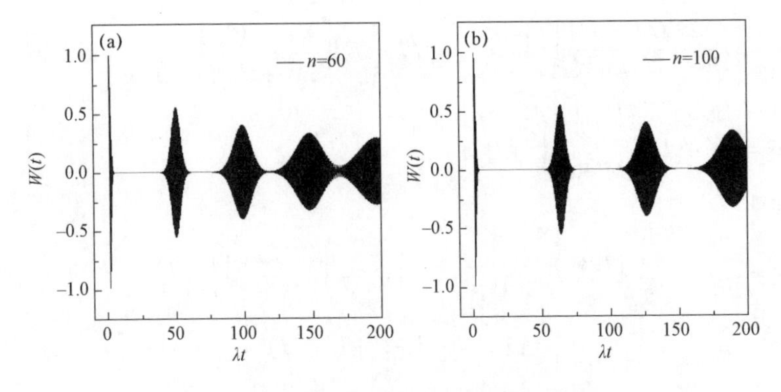

图 2.3.6　更明确的大平均光子数包络面

在单模的量子光场中，如果光场的初始态是纯的 Fock 态，原子则会呈现出周期性的正弦振荡. 如果初始光场处于相干态，那么原子响应就会出现复杂的“塌缩”和“复活”效应. 这些量子效应正是 J-C 模型的有趣之处. 研究了单里德伯原子与单模电磁场在超导腔内相互作用的动力学利用所选原子的速度，观察了原子与场交换能对原子反转的影响，实验验证了 J-C 模型预测的量子坍缩和复活. 对原子动态行为的评估能够确定腔中少数光子的统计值.

2.4　角动量相干态或 SU（2）相干态

由式（1.4.3）可知角动量服从的关系式

$$\begin{cases} J^2\left|J,M\right\rangle = J(J+1)\left|J,M\right\rangle, J_z\left|J,M\right\rangle = M\left|J,M\right\rangle \\ J_+\left|J,M\right\rangle = \sqrt{(J-M)(J+M+1)}\left|J,M+1\right\rangle \\ J_-\left|J,M\right\rangle = \sqrt{(J+M)(J-M+1)}\left|J,M-1\right\rangle \\ J_+\left|J,J\right\rangle = 0, J_-\left|J,-J\right\rangle = 0 \end{cases} \tag{2.4.1}$$

定义 $J_z = \dfrac{1}{2}(J_+J_- - J_-J_+)$ 的本征态是

$$J_+\left|J,-J\right\rangle=(2J)^{1/2}\left|J,-J+1\right\rangle, J_+\left|J,-J+1\right\rangle=[(2J-1)2]^{1/2}\left|J,-J+2\right\rangle$$

$$J_+\left|J,-J+2\right\rangle=[(2J-2)3]^{1/2}\left|J,-J+3\right\rangle,\cdots$$

$$J_+^{M+J}\left|J,-J\right\rangle=[2J(2J-1)\cdots(J-M+1)\ (M+J)!]^{1/2}\left|J,M\right\rangle$$

$$=\left[\frac{(2J)!(M+J)!}{(J-M)!}\right]^{1/2}\left|J,M\right\rangle=(M+J)!\left[\frac{(2J)!}{(M+J)!(J-M)!}\right]^{1/2}\left|J,M\right\rangle$$

$$=(M+J)!\binom{2J}{M+J}^{1/2}\left|J,M\right\rangle$$

$$\left|J,M\right\rangle=\frac{1}{(M+J)!}\binom{2J}{M+J}^{-1/2}J_{+}^{M+J}\left|J,-J\right\rangle \tag{2.4.2}$$

$$(M=-J,-J+1,\cdots,J)$$

角动量的本征值是 M，它们跨越角动量 J 的空间. 基态是 $\left|J,-J\right\rangle$，最高的能量状态是 $\left|J,J\right\rangle$

定义

$$J_{-}\left|J,-J\right\rangle=0 \tag{2.4.3}$$

相干的原子态，如图 2.4.1 所示.

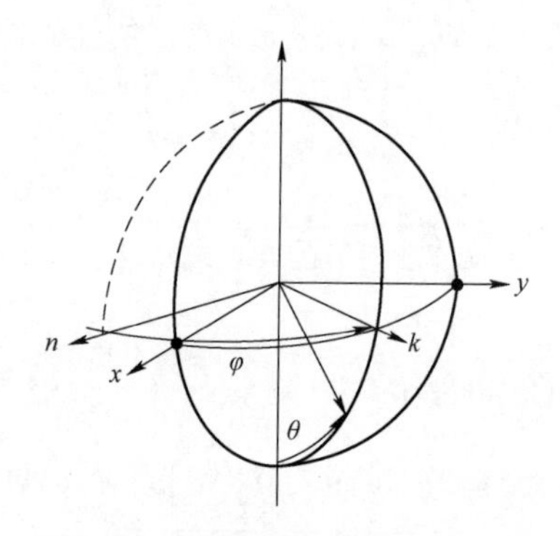

图 2.4.1　在角动量空间定义的 $R_{\theta,\varphi}$

引入一个旋转算符，通过绕轴 $\vec{n}=(\sin\varphi,-\cos\varphi,0)$ 旋转一个 θ 角

$$R_{\theta,\varphi}=e^{-i\theta J_n}=e^{-i\theta(J_x\sin\varphi-J_y\cos\varphi)}=e^{\xi J_{+}-\xi^{*}J_{-}} \tag{2.4.4}$$

其中

$$\xi=\frac{1}{2}\theta e^{-i\varphi}$$

一个相干的原子态 $\left|\pm n\right\rangle$ 或布洛赫态 $\left|\theta,\varphi\right\rangle$ 是通过旋转基态 $\left|J,-J\right\rangle$ 得到的，即

$$|\theta,\varphi\rangle=R_{\theta,\varphi}|J,-J\rangle \tag{2.4.5}$$

$$\begin{cases}\tilde{J}_z=R_{\theta,\varphi}J_zR_{\theta,\varphi}^{-1}=J_z\cos\theta-\frac{1}{2}\sin\theta e^{i\varphi}J_--\frac{1}{2}\sin\theta e^{-i\varphi}J_+\\ \tilde{J}_+=R_{\theta,\varphi}J_+R_{\theta,\varphi}^{-1}=J_+\cos^2\frac{\theta}{2}+J_ze^{i\varphi}\sin\theta-J_-e^{2i\varphi}\sin^2\frac{\theta}{2}\\ \tilde{J}_-=R_{\theta,\varphi}J_-R_{\theta,\varphi}^{-1}=J_-\cos^2\frac{\theta}{2}+J_ze^{-i\varphi}\sin\theta-J_+e^{-2i\varphi}\sin^2\frac{\theta}{2}\end{cases} \tag{2.4.6}$$

其中　　$J_+=J_x+iJ_y, J_-=J_x-iJ_y$

两个本征值方程（1.4.4）写成

$$\begin{cases}\tilde{J}^2|\theta,\varphi\rangle=J(J+1)|\theta,\varphi\rangle\\ \tilde{J}_z|\theta,\varphi\rangle=M|\theta,\varphi\rangle\end{cases} \tag{2.4.7}$$

$R_{\theta,\varphi}$ 也可以写成另外一种表达式，如图 2.4.2 所示.

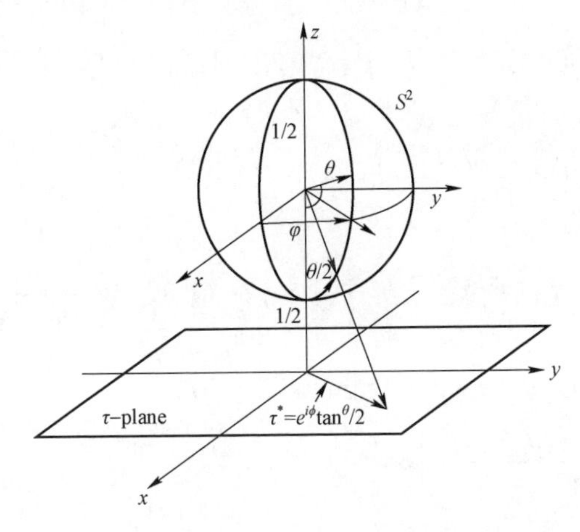

图 2.4.2　SU（2）相干态的几何结构，将二维球面 S^2 映射到复平面 τ 上

$$R_{\theta,\varphi}=e^{\tau J_+}e^{\ln(1+|\tau|^2)J_z}e^{-\tau^*J_-}=e^{-\tau^*J_-}e^{-\ln(1+|\tau|^2)J_z}e^{\tau J_+} \tag{2.4.8}$$

其中，$\tau=e^{-i\varphi}\tan\frac{1}{2}\theta$

$$|\tau\rangle=R_{\theta,\varphi}|J,-J\rangle=N\exp(e^{\tau J_+})|J,-J\rangle$$

$$=N\left(1+\frac{\tau J_+}{1!}+\frac{(\tau J_+)^2}{2!}+\cdots+\frac{(\tau J_+)^M}{M!}+\cdots\right)|J,-J\rangle$$

$$|\tau\rangle = N\sum_M \begin{pmatrix} 2J \\ M+J \end{pmatrix}^{1/2} \tau^M |J,M\rangle$$

$$\langle\tau|\tau\rangle = N^2\langle J,-J|\exp(\tau^* J_-)\exp(\tau J_+)|J,-J\rangle$$

$$\langle J,-J|\exp(\tau^* J_-)\exp(\tau J_+)|J,-J\rangle =$$

$$\langle J,-J|\left(1+\tau^* J_- + \frac{(\tau^* J_-)^2}{2!} + \cdots + \frac{(\tau^* J_-)^M}{M!} + \cdots\right)\bullet$$

$$\left(1+\tau J_+ + \frac{(\tau J_+)^2}{2!} + \cdots + \frac{(\tau J_+)^M}{M!} + \cdots\right)|J,-J\rangle$$

$$= \langle J,-J|\left(1+|\tau|^2 J_- J_+ + \frac{|\tau|^4 J_-{}^2 J_+{}^2}{2!2!} + \cdots + \frac{|\tau|^{2m} J_-{}^M J_+{}^M}{M!M!} + \cdots\right)|J,-J\rangle$$

$$J_- J_+|J,-J\rangle = J_-\sqrt{2J}\,|J,-J+1\rangle = 2J|J,-J\rangle = \frac{(2J)!}{(2J-1)!}|J,-J\rangle$$

$$J_-^2 J_+^2|J,-J\rangle = J_-^2 J_+\sqrt{2J}\,|J,-J+1\rangle = J_-^2\sqrt{2J(2J-1)2!}\,|J,-J+2\rangle$$

$$= J_-\sqrt{2J}(2J-1)2!|J,-J+1\rangle = 2J(2J-1)2!|J,-J\rangle = \frac{(2J)!2!}{(2J-2)!}|J,-J\rangle$$

$$J_-^M J_+^M|J,-J\rangle = \frac{(2J)!M!}{(2J-M)!}|J,-J\rangle$$

$$(1+x)^n = C_n^0 x^n + C_n^1 x^{n-1} + \cdots + C_n^m x^{n-m} + C_n^n, C_n^m = \frac{n!}{m!(n-m)!}$$

$$\langle\tau|\tau\rangle = N^2\langle J,-J|\exp(\tau^* J_-)\exp(\tau J_+)|J,-J\rangle$$

$$= N^2\sum_M \frac{(2J)!}{M!(2J-M)!}|\tau|^2 = N^2(1+|\tau|^2)^{2J}$$

$$N = (1+|\tau|^2)^{-J}$$

$$|\tau\rangle = N\exp(e^{\tau J_+})|J,-J\rangle = (1+|\tau|^2)^{-J}\exp(e^{\tau J_+})|J,-J\rangle$$

$$|\tau\rangle = \frac{1}{(1+|\tau|^2)^J}\sum_M \begin{pmatrix} 2J \\ M+J \end{pmatrix}^{1/2} \tau^{M+J}|J,M\rangle \tag{2.4.9}$$

$$= \sum_M |J,M\rangle \begin{pmatrix} 2J \\ M+J \end{pmatrix}^{1/2} \sin^{J+M}\left(\frac{\theta}{2}\right)\cos^{J-M}\left(\frac{\theta}{2}\right)e^{-i(J+M)\varphi}$$

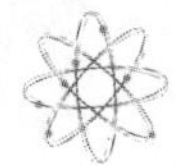

$$\langle J,M|\tau\rangle=\binom{2J}{M+J}^{1/2}\frac{\tau^{M+J}}{(1+|\tau|^2)^J}$$

$$=\binom{2J}{M+J}^{1/2}\sin^{J+M}\left(\frac{\theta}{2}\right)\cos^{J-M}\left(\frac{\theta}{2}\right)e^{-i(J+M)\varphi} \quad (2.4.10)$$

SU（2）相干态不正交

$$\langle\tau_1|\tau_2\rangle=\frac{(1+\tau_1^*\tau_2)^{2J}}{(1+|\tau_1|^2)^J(1+|\tau_2|^2)^J} \quad (2.4.11)$$

可见 SU（2）相干态一般不正交，但仍然可归一化.

具有超完备性

$$(2J+1)\int\frac{d\Omega}{4\pi}\sum_{M,M'}\binom{2J}{M+J}^{1/2}\binom{2J}{M'+J}^{1/2}\left(\frac{1}{2}\sin\theta\right)^{2J-M-M'}e^{i(M'-M)\phi}|J,M\rangle\langle J,M'|$$

$$=\frac{(2J+1)}{2}\int_0^{\pi}\sin\theta d\theta\sum_M\binom{2J}{M+J}\left(\cos\frac{1}{2}\theta\right)^{2J-2M}\left(\sin\frac{1}{2}\theta\right)^{2J+2M}|J,M\rangle\langle J,M|$$

$$=\sum_M|J,M\rangle\langle J,M|=1 \quad (2.4.12)$$

$d\Omega=\sin\theta d\theta d\varphi$， $2J$+1是相干态所在的希尔伯特空间的维数.

取特殊值验证

$M=J$

$$=\frac{(2J+1)}{2}\int_0^{\pi}\sin\theta d\theta\binom{2J}{J+J}\left(\cos\frac{1}{2}\theta\right)^{2J-2J}\left(\sin\frac{1}{2}\theta\right)^{2J+2J}|J,J\rangle\langle J,J|$$

$$=\frac{(2J+1)}{2}\int_0^{\pi}\sin\theta\left(\sin\frac{1}{2}\theta\right)^{4J}d\theta=\frac{(2J+1)}{2}\int_0^{\pi}\left(\frac{1-\cos\theta}{2}\right)^{2J}d(1-\cos\theta)$$

$$=\frac{(2J+1)}{2^{2J+1}(2J+1)}(1-\cos\theta)^{2J+1}/_0^{\pi}=1$$

$M=-J$

$$=\frac{(2J+1)}{2}\int_0^{\pi}\sin\theta d\theta\binom{2J}{0}\left(\cos\frac{1}{2}\theta\right)^{2J+2J}\left(\sin\frac{1}{2}\theta\right)^{2J\text{-}2J}|J,J\rangle\langle J,J|$$

$$=\frac{(2J+1)}{2}\int_0^{\pi}\sin\theta(\cos\frac{1}{2}\theta)^{4J}d\theta=-\frac{(2J+1)}{2}\int_0^{\pi}\left(\frac{1+\cos\theta}{2}\right)^{2J}d(1+\cos\theta)$$

$$=-\frac{(2J+1)}{2^{2J+1}(2J+1)}(1+\cos\theta)^{2J+1}/_0^{\pi}=-\frac{(2J+1)(-2^{2J+1})}{2^{2J+1}(2J+1)}=1$$

$$=\frac{2J+1}{2}\int_0^{\pi}\sin\theta\,\mathrm{d}\theta\begin{pmatrix}2J\\M+J\end{pmatrix}\left(\cos\frac{1}{2}\theta\right)^{2J-2M}\left(\sin\frac{1}{2}\theta\right)^{2J+2M}$$

$$=-\frac{2J+1}{2}\begin{pmatrix}2J\\M+J\end{pmatrix}\int_0^{\pi}\left(\frac{1+\cos\theta}{2}\right)^{J-M}\left(\frac{1-\cos\theta}{2}\right)^{J+M}\mathrm{d}\cos\theta$$

$$=-\frac{2J+1}{2^{2J+1}}\frac{(2J)!}{(M+J)!(J-M)!}\int_0^{\pi}(1+\cos\theta)^{J-M}(1-\cos\theta)^{J+M}\mathrm{d}\cos\theta$$

$$=-\frac{2J+1}{2^{2J+1}}\frac{(2J)!}{(M+J)!(J-M+1)!}\int_0^{\pi}(1-\cos\theta)^{J+M}\mathrm{d}(1+\cos\theta)^{J-M+1}$$

$$=\frac{2J+1}{2^{2J+1}}\frac{(2J)!}{(M+J)!(J-M+1)!}\int_0^{\pi}(1+\cos\theta)^{J-M+1}\mathrm{d}(1-\cos\theta)^{J+M}$$

$$=-\frac{2J+1}{2^{2J+1}}\frac{(2J)!}{(M+J-1)!(J-M+1)!}\int_0^{\pi}(1+\cos\theta)^{J-M+1}(1-\cos\theta)^{J+M-1}\mathrm{d}\cos\theta$$

$$\vdots$$

$$=-\frac{2J+1}{2^{2J+1}}\int_0^{\pi}(1+\cos\theta)^{2J}\mathrm{d}(1+\cos\theta)=1$$

或者

$$=\frac{2J+1}{2^{2J+1}}\int_0^{\pi}(1-\cos\theta)^{2J}\mathrm{d}(1-\cos\theta)=1$$ 具有超完备性

满足不确定关系

由

$$|\tau\rangle=(1+|\tau|^2)^{-J}e^{\tau J_+}|J,-J\rangle$$

$$|\tau+c\rangle=(1+|\tau+c|^2)^{-J}e^{(\tau+c)J_+})|J,-J\rangle=(1+|\tau+c|^2)^{-J}e^{cJ_+}e^{\tau J_+}|J,-J\rangle$$

$$|\tau+c\rangle=(1+|\tau+c|^2)^{-J}e^{(\tau+c)J_+})|J,-J\rangle=(1+|\tau+c|^2)^{-J}e^{cJ_+}(1+|\tau|^2)^{J}|\tau\rangle$$

$$|\tau+c\rangle=(1+|\tau+c|^2)^{-J}e^{(\tau+c)J_+})|J,-J\rangle=\frac{(1+|\tau|^2)^J}{(1+|\tau+c|^2)^J}e^{cJ_+}|\tau\rangle$$

$$e^{cJ_+}|\tau\rangle=\frac{(1+|\tau+c|^2)^J}{(1+|\tau|^2)^J}|\tau+c\rangle \tag{2.4.13}$$

$$\langle\tau_1|e^{c_1J_-}e^{c_2J_+}|\tau_2\rangle=\frac{[(1+(\tau_1^*+c_1)(\tau_2+c_2)]^{2J}}{(1+|\tau_1|^2)^J(1+|\tau_2|^2)^J}|\tau+c\rangle \tag{2.4.14}$$

$$\langle\tau|J_+|\tau\rangle==[\frac{\partial}{\partial c_2}\langle\tau_1|e^{c_2J_+}|\tau_2\rangle]_{\substack{c_2=0\\ \tau_1=\tau_2=\tau}}=\left\{\frac{\partial}{\partial c_2}\frac{[1+\tau_1^*(\tau_2+c_2)]^{2J}}{(1+|\tau_1|)^J(1+|\tau_2|)^J}\right\}$$

$$=\left\{\frac{2J\tau_1^*[1+\tau_1^*(\tau_2+c_2)]^{2J-1}}{(1+|\tau_1|^2)^J(1+|\tau_2|^2)^J}\right\}_{\substack{c_2=0\\ \tau_1=\tau_2=\tau}}=\frac{2J\tau^*}{1+|\tau|^2}=Je^{i\varphi}\sin\theta$$

$$\langle\tau|J_-|\tau\rangle=\langle\tau|J_+|\tau\rangle^*=\frac{2J\tau}{1+|\tau|^2}=Je^{-i\varphi}\sin\theta$$

$$\langle\tau|J_x|\tau\rangle=\langle\tau|\frac{J_++J_-}{2}|\tau\rangle=J\cos\varphi\sin\theta \tag{2.4.15}$$

$$\langle\tau|J_y|\tau\rangle=\langle\tau|\frac{J_+-J_-}{2i}|\tau\rangle=J\sin\varphi\sin\theta \tag{2.4.16}$$

$$\langle\tau|J_+^2|\tau\rangle=\left[\frac{\partial^2}{\partial c_2^2}\langle\tau_1|e^{c_2J_+}|\tau_2\rangle\right]_{\substack{c_2=0\\ \tau_1=\tau_2=\tau}}=\left\{\frac{\partial^2}{\partial c_2^2}\frac{[1+\tau_1^*(\tau_2+c_2)]^{2J}}{(1+|\tau_1|)^J(1+|\tau_2|)^J}\right\}$$

$$=\left\{\frac{2J(2J-1)\tau_1^{*2}[1+\tau_1^*(\tau_2+c_2)]^{2J-2}}{(1+|\tau_1|^2)^J(1+|\tau_2|^2)^J}\right\}_{\substack{c_2=0\\ \tau_1=\tau_2=\tau}}=\frac{2J(2J-1)\tau^{*2}}{(1+|\tau|^2)^2} \tag{2.4.17}$$

$$=2J(2J-1)e^{2i\varphi}\sin^2\frac{1}{2}\theta\cos^2\frac{1}{2}\theta=J\left(J-\frac{1}{2}\right)\sin^2\theta e^{2i\varphi}$$

$$\langle\tau|J_-^2|\tau\rangle=\frac{2J(2J-1)\tau^2}{(1+|\tau|^2)^2}=2J(2J-1)e^{-2i\varphi}\sin^2\frac{1}{2}\theta\cos^2\frac{1}{2}\theta \tag{2.4.18}$$

$$\langle\tau|J_-J_+|\tau\rangle==\left[\frac{\partial^2}{\partial c_1\partial c_2}\langle\tau_1|e^{c_1J_-}e^{c_2J_+}|\tau_2\rangle\right]_{\substack{c_1=c_2=0\\ \tau_1=\tau_2=\tau}}$$

$$=\left\{\frac{\partial^2}{\partial c_1\partial c_2}\frac{[1+(c_1+\tau_1^*)(\tau_2+c_2)]^{2J}}{(1+|\tau_1|)^J(1+|\tau_2|)^J}\right\}$$

$$=\left\{\frac{2J[1+(c_1+\tau_1^*)(\tau_2+c_2)]^{2J-1}}{(1+|\tau_1|^2)^J(1+|\tau_2|^2)^J}\right. \tag{2.4.19}$$

$$\left.+\frac{2J(2J-1)(c_1+\tau_1^*)(\tau_2+c_2)[1+(c_1+\tau_1^*)(\tau_2+c_2)]^{2J-2}}{(1+|\tau_1|^2)^J(1+|\tau_2|^2)^J}\right\}_{\substack{c_1=c_2=0\\ \tau_1=\tau_2=\tau}}$$

$$=\frac{2J}{1+|\tau|^2}+\frac{2J(2J-1)|\tau|^2}{(1+|\tau|^2)^2}=\frac{2J+4J^2|\tau|^2}{(1+|\tau|^2)^2}=2J\cos^4\frac{\theta}{2}+J^2\sin^2\theta$$

$$\langle\tau|J_z|\tau\rangle=-J\cos\theta \tag{2.4.20}$$

$$J_x^2=\frac{1}{4}(J_++J_-)^2=\frac{1}{4}(J_+^2+J_+J_-+J_-J_++J_-^2)=\frac{1}{4}(J_+^2+2J_-J_++J_-^2+2J_z)$$

$$J_y^2=-\frac{1}{4}(J_+-J_-)^2=-\frac{1}{4}(J_+^2-J_+J_--J_-J_++J_-^2)=-\frac{1}{4}(J_+^2-2J_-J_++J_-^2-2J_z)$$

$$\langle\tau|J_x^2|\tau\rangle=\frac{1}{4}\langle\tau|(J_+^2+2J_-J_++J_-^2+2J_z)|\tau\rangle$$

$$\langle(\Delta J_x)^2\rangle(\Delta J_x)^2=\langle J_x^2\rangle-\langle J_x\rangle^2$$

$$=\frac{1}{4}\left[2J\left(J-\frac{1}{2}\right)\sin^2\theta\cos2\varphi+2J^2\sin^2\theta+4J\cos^4\frac{\theta}{2}-\right.$$

$$\left.2J\cos\theta-4J^2\sin^2\theta\cos^2\varphi\right]$$

$$=\frac{1}{4}\{J^2\sin^2\theta[2(\cos2\varphi+1)-4\cos^2\varphi]-J\sin^2\theta\cos2\varphi+J\cos^2\theta+J\}$$

$$=\frac{1}{4}J[2-\sin^2\theta(\cos2\varphi+1)]=\frac{1}{2}J(1-\sin^2\theta\cos^2\varphi)$$

$$(\Delta J_y)^2=\langle J_y^2\rangle-\langle J_y\rangle^2=\frac{1}{2}J(1-\sin^2\theta\sin^2\varphi)$$

$$(\Delta J_x)^2(\Delta J_y)^2=\frac{1}{4}J^2(1-\sin^2\theta\cos^2\varphi)(1-\sin^2\theta\sin^2\varphi)$$

$$=\frac{1}{4}J^2(\cos^2\theta+\sin^4\theta\sin^2\varphi\cos^2\varphi)=\frac{1}{4}J^2\left(\cos^2\theta+\frac{1}{4}\sin^4\theta\sin^2 2\varphi\right)$$

不确定关系是

$$\langle(\Delta J_x)^2\rangle\langle(\Delta J_y)^2\rangle^2\geqslant\frac{1}{4}|\langle[J_x,J_y\rangle|^2$$

$$\langle(\Delta J_x)^2\rangle\langle(\Delta J_y)^2\rangle^2\geqslant\frac{1}{4}|\langle J_z\rangle|^2$$

$$(\Delta J_x)^2(\Delta J_y)^2=\frac{1}{4}J^2(1-\sin^2\theta\cos^2\varphi)(1-\sin^2\theta\sin^2\varphi)$$

$$=\frac{1}{4}J^2(\cos^2\theta+\sin^4\theta\sin^2\phi\cos^2\varphi)=\frac{1}{4}J^2\left(\cos^2\theta+\frac{1}{4}\sin^4\theta\sin^2 2\varphi\right) \tag{2.4.21}$$

当 $2\varphi=n\pi$（n 为整数或为零）时

$$\langle(\Delta J_x)^2(\Delta J_y)^2\rangle=\frac{1}{4}J^2\cos^2\theta=\frac{1}{4}\langle J_z\rangle^2 \tag{2.4.22}$$

这说明，此时的 SU（2）相干态是一种具有最小不确定性的状态.

2.5　两种方法求解 Rabi 模型的基态能量

2.5.1　自旋相干态法求解 Rabi 模型的基态能量

当单个二能级原子与单模光场相互作用之间的耦合强度 λ 较大时，原来忽略掉反旋波项的 J-C 模型则变得不再适用，反旋波效应起到了一定的作用，则此时需考虑这一项再进行重新研究，此时则变为另外一种模型，用 Rabi 模型来进行描述，它的实质是产生光场的腔和原子交换光子，从而使得原子可在两个能级上跃迁，光子处于耦合系统可产生和湮灭，结果形成了 Rabi 振荡.

Rabi 模型的哈密顿量可以表示为

$$H = \omega a^{\dagger} a + \omega_a S_z + \frac{\lambda}{2}(a^{\dagger} + a)(S_+ + S_-) \tag{2.5.1}$$

以玻色和自旋相干态的直积 $|\Psi_{\pm}\rangle = |\alpha\rangle \otimes |\pm n\rangle$ 作为试探波函数

$|\alpha\rangle$ 是光场的相干态，且满足

$$a|\alpha\rangle = \alpha|\alpha\rangle, \quad a^{\dagger}|\alpha\rangle = \alpha^{*}|\alpha\rangle, \quad a^{\dagger}a|\alpha\rangle = |\alpha|^2|\alpha\rangle$$

利用式（2.4.5）和式（2.4.6）式可得

$$[\omega|\alpha|^2 + A(\alpha,\theta,\varphi)S_z + B(\alpha,\theta,\varphi)S_+ + C(\alpha,\theta,\varphi)S_-]\,|j,\pm j\rangle = E_{\pm}(\alpha)\,|j,\pm j\rangle \tag{2.5.2}$$

其中

$$\begin{cases} A(\alpha,\theta,\varphi) = \omega_a \cos\theta + \dfrac{\lambda}{2}(\alpha+\alpha^{*})(e^{i\varphi} + e^{-i\varphi})\sin\theta \\ B(\alpha,\theta,\varphi) = -\dfrac{\omega_a}{2}\sin\theta e^{-i\varphi} + \dfrac{\lambda}{2}(\alpha+\alpha^{*})(\cos^2\frac{\theta}{2} - e^{-2i\varphi}\sin^2\frac{\theta}{2}) \\ C(\alpha,\theta,\varphi) = -\dfrac{\omega_a}{2}\sin\theta e e^{i\varphi} + \dfrac{\lambda}{2}(\alpha+\alpha^{*})(\cos^2\frac{\theta}{2} - e^{2i\varphi}\sin^2\frac{\theta}{2}) \end{cases} \tag{2.5.3}$$

很明显，在单模光场中 S_+ 和 S_- 的系数为零，将方程进行对角化处理，使

$$\begin{cases} B(\alpha,\theta,\varphi) = 0 \\ C(\alpha,\theta,\varphi) = 0 \end{cases} \tag{2.5.4}$$

则其能量泛函为

$$E_{\pm}(\alpha,\theta,\varphi)=\omega|\alpha|^{2}\pm\frac{1}{2}A(\alpha,\theta,\varphi) \tag{2.5.5}$$

讨论特殊情况：

（1）当 $\alpha=0$，S_{+},S_{-} 的系数均为 0 时，有

$$B(\alpha,\theta,\varphi)=\frac{\omega_{a}}{2}\sin\theta e^{-i\varphi}=0\text{，}\quad C(\alpha,\theta,\varphi)=\frac{\omega_{a}}{2}\sin\theta e^{i\varphi}=0$$

得：$\theta=k\pi \qquad A=\pm\omega_{a}$

此时，系统的基态能量为

$$E_{gs}=-\frac{\omega_{a}}{2} \tag{2.5.6}$$

（2）当 $\alpha\neq 0$ 时，令 $\alpha=\gamma e^{i\eta}$，$B=C=0$，

将 $B(\alpha,\theta,\varphi)\times e^{i\varphi}$ 得

$$-\frac{\omega_{a}}{2}\sin\theta+\frac{\lambda}{2}(\alpha+\alpha^{*})(\cos^{2}\tfrac{\theta}{2}e^{i\varphi}-e^{-i\varphi}\sin^{2}\tfrac{\theta}{2})=0 \tag{2.5.7}$$

$C(\alpha,\theta,\varphi)\times e^{-i\varphi}$ 得

$$-\frac{\omega_{a}}{2}\sin\theta+\frac{\lambda}{2}(\alpha+\alpha^{*})(\cos^{2}\tfrac{\theta}{2}e^{-i\varphi}-e^{i\varphi}\sin^{2}\tfrac{\theta}{2})=0 \tag{2.5.8}$$

由式（2.5.7）−式（2.5.8）得：$\lambda\gamma\cos\eta\sin\varphi=0\Rightarrow\cos\eta=0,$ 或 $\sin\varphi=0$，

式（2.5.7）+式（2.5.8）得：$\omega_{a}\sin\theta+2\lambda\gamma\cos\eta\cos\varphi\cos\theta=0$

讨论：当 $\cos\eta=1,\cos\phi=-1$ 时，$\omega_{a}\sin\theta+4g\gamma\cos\theta=0$

$$\cos\chi=\frac{\omega_{a}}{\sqrt{\omega_{a}^{2}+4\lambda^{2}\gamma^{2}}},\sin\chi=\frac{2\lambda\gamma}{\sqrt{\omega_{a}^{2}+4\lambda^{2}\gamma^{2}}}$$

$$\omega_{a}\sin\theta+4\lambda\gamma\cos\theta=\sin(\theta+\chi)=0 \qquad \cos(\theta+\chi)=1$$

得 $A=\sqrt{\omega_{a}^{2}+4\lambda^{2}\gamma^{2}}$

则得基态能量泛函 $E=\omega\gamma^{2}-\frac{1}{2}\sqrt{\omega_{a}^{2}+4\lambda^{2}\gamma^{2}}$

令 $\frac{\partial E}{\partial\gamma}=0$，得 $\gamma=0$

$$\gamma^2 = \frac{1}{4\lambda^2}\left(\frac{\lambda^4}{\omega^2} - \omega_a^2\right) = 0 \tag{2.5.9}$$

$$\lambda_c = \sqrt{\omega\omega_a} \tag{2.5.10}$$

将式（2.5.9）代入式（2.5.5）可得 Rabi 模型的基态能量

$$E = \begin{cases} -\dfrac{\omega_a}{2}, & \lambda \leqslant \lambda_c \\ -\dfrac{\lambda^2}{4\omega} - \dfrac{\omega\omega_a{}^2}{4\lambda^2}, & \lambda > \lambda_c \end{cases} \tag{2.5.11}$$

2.5.2 严格数值对角化解 Rabi 模型的基态能量

Rabi 模型的 Hamiltonian 为

$$H = \omega a^\dagger a + \omega_a S_z + \frac{\lambda}{2}(a^\dagger + a)(S_+ + S_-)$$

$$\begin{aligned}
&\langle n'|\otimes\langle\uparrow|H|\uparrow\rangle\otimes|n\rangle \\
&= \sum_{n=N}^{0}\sum_{n'=0}^{N}\langle n'|\otimes\langle\uparrow|\left[\frac{\omega_a}{2}\sigma_z + \omega a a^+ + \frac{\lambda}{4}(a^\dagger\sigma_+ + a^\dagger\sigma_- + a\sigma_+ + a\sigma_-)\right]|\uparrow\rangle\otimes|n\rangle \\
&= \sum_{n=N}^{0}\sum_{n'=0}^{N}\langle n'|\otimes\langle\uparrow|\left[\frac{\omega_a}{2}|\uparrow\rangle\otimes|n\rangle + \omega n|\uparrow\rangle\otimes|n\rangle + \frac{\lambda}{4}\sqrt{n+1}|\downarrow\rangle\otimes\right. \\
&\quad \left.|n+1\rangle + \frac{g}{4}\sqrt{n}|\downarrow\rangle\otimes|n-1\rangle\right] \\
&= \sum_{n=N}^{0}\sum_{n'=0}^{N}\langle n'|\otimes\langle\uparrow|[\frac{\omega_a}{2}|\uparrow\rangle\otimes|n\rangle + \omega n|\uparrow\rangle\otimes|n\rangle] = \left(\frac{\omega_a}{2} + \omega n\right)\delta_{n'n}
\end{aligned}$$

$$\begin{aligned}
&\langle n'|\otimes\langle\uparrow|H|\downarrow\rangle\otimes|n\rangle \\
&= \sum_{n=N}^{0}\sum_{n'=0}^{N}\langle n'|\otimes\langle\uparrow|\left[\frac{\omega_a}{2}\sigma_z + \omega a a^+ + \frac{\lambda}{4}(a^\dagger\sigma_+ + a^\dagger\sigma_- + a\sigma_+ + a\sigma_-)\right]|\downarrow\rangle\otimes|n\rangle \\
&= \sum_{n=N}^{0}\sum_{n'=0}^{N}\langle n'|\otimes\langle\uparrow|\left[-\frac{\omega_a}{2}|\downarrow\rangle\otimes|n\rangle + \omega n|\downarrow\rangle\otimes|n\rangle + \frac{\lambda}{4}\sqrt{n+1}|\uparrow\rangle\otimes\right. \\
&\quad \left.|n+1\rangle + \frac{\lambda}{4}\sqrt{n}|\uparrow\rangle\otimes|n-1\rangle\right] \\
&= \sum_{n=N}^{0}\sum_{n'=0}^{N}\langle n'|\otimes\langle\uparrow|\left[\frac{\lambda}{4}\sqrt{n+1}|\uparrow\rangle\otimes|n+1\rangle + \frac{\lambda}{4}\sqrt{n}|\uparrow\rangle\otimes|n-1\rangle\right] \\
&= \frac{\lambda}{4}\sqrt{n+1}\delta_{n',n+1} + \frac{\lambda}{4}\sqrt{n}\delta_{n',n-1}
\end{aligned}$$

$$
\begin{aligned}
&\langle n'|\otimes\langle\downarrow|H|\uparrow\rangle\otimes|n\rangle \\
&=\sum_{n=N}^{0}\sum_{n'=0}^{N}\langle n'|\otimes\langle\downarrow|\left[\frac{\omega_a}{2}\sigma_z+\omega aa^{\dagger}+\frac{\lambda}{4}(a^{\dagger}\sigma_{+}+a^{\dagger}\sigma_{-}+a\sigma_{+}+a\sigma_{-})\right]|\uparrow\rangle\otimes|n\rangle \\
&=\sum_{n=N}^{0}\sum_{n'=0}^{N}\langle n'|\otimes\langle\downarrow|\left[\frac{\omega_a}{2}|\uparrow\rangle\otimes|n\rangle+\omega n|\uparrow\rangle\otimes|n\rangle+\frac{\lambda}{4}\sqrt{n+1}|\downarrow\rangle\otimes\right. \\
&\qquad\left.|n+1\rangle+\frac{\lambda}{4}\sqrt{n}|\downarrow\rangle\otimes|n-1\rangle\right] \\
&=\sum_{n=N}^{0}\sum_{n'=0}^{N}\langle n'|\otimes\langle\downarrow|\left[\frac{\lambda}{4}\sqrt{n+1}|\downarrow\rangle\otimes|n+1\rangle+\frac{\lambda}{4}\sqrt{n}|\downarrow\rangle\otimes|n-1\rangle\right] \\
&=\frac{\lambda}{4}\sqrt{n+1}\delta_{n',n+1}+\frac{\lambda}{4}\sqrt{n}\delta_{n',n-1}
\end{aligned}
$$

$$
\begin{aligned}
&\langle n'|\otimes\langle\downarrow|H|\downarrow\rangle\otimes|n\rangle \\
&=\sum_{n=N}^{0}\sum_{n'=0}^{N}\langle n'|\otimes\langle\downarrow|\left[\frac{\omega_a}{2}\sigma_z+\omega aa^{\dagger}+\frac{\lambda}{4}(a^{\dagger}\sigma_{+}+a^{\dagger}\sigma_{-}+a\sigma_{+}+a\sigma_{-})\right]|\downarrow\rangle\otimes|n\rangle \\
&=\sum_{n=N}^{0}\sum_{n'=0}^{N}\langle n'|\otimes\langle\downarrow|\left[-\frac{\omega_a}{2}|\downarrow\rangle\otimes|n\rangle+\omega n|\downarrow\rangle\otimes|n\rangle+\frac{\lambda}{4}\sqrt{n+1}|\uparrow\rangle\otimes\right. \\
&\qquad\left.|n+1\rangle+\frac{\lambda}{4}\sqrt{n}|\uparrow\rangle\otimes|n-1\rangle\right] \\
&=\sum_{n=N}^{0}\sum_{n'=0}^{N}\langle n'|\otimes\langle\downarrow|\left[-\frac{\omega_a}{2}|\downarrow\rangle\otimes|n\rangle+\omega n|\downarrow\rangle\otimes|n\rangle\right]=\left(-\frac{\omega_a}{2}+\omega n\right)\delta_{n'n}
\end{aligned}
$$

则 $N=3$ 时，如下：

	$\|\downarrow\rangle\otimes\|0\rangle$	$\|\uparrow\rangle\otimes\|0\rangle$	$\|\downarrow\rangle\otimes\|1\rangle$	$\|\uparrow\rangle\otimes\|1\rangle$	$\|\downarrow\rangle\otimes\|2\rangle$	$\|\uparrow\rangle\otimes\|2\rangle$	$\|\downarrow\rangle\otimes\|3\rangle$	$\|\uparrow\rangle\otimes\|3\rangle$
$\langle 0\|\otimes\langle\downarrow\|$	$-\frac{\omega_a}{2}$			$\frac{\lambda}{4}$				
$\langle 0\|\otimes\langle\uparrow\|$		$\frac{\omega_a}{2}$	$\frac{\lambda}{4}$					
$\langle 1\|\otimes\langle\downarrow\|$		$\frac{\lambda}{4}$	$-\frac{\omega_a}{2}+\omega$			$\frac{\sqrt{2}}{4}\lambda$		
$\langle 1\|\otimes\langle\uparrow\|$	$\frac{\lambda}{4}$			$\frac{\omega_a}{2}+\omega$	$\frac{\sqrt{2}}{4}\lambda$			
$\langle 2\|\otimes\langle\downarrow\|$				$\frac{\sqrt{2}}{4}\lambda$	$-\frac{\omega_a}{2}+2\omega$			$\frac{\sqrt{3}}{4}\lambda$
$\langle 2\|\otimes\langle\uparrow\|$			$\frac{\sqrt{2}}{4}\lambda$			$\frac{\omega_a}{2}+2\omega$	$\frac{\sqrt{3}}{4}\lambda$	

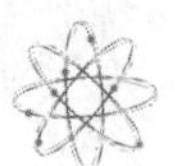

续表

	$\|\downarrow\rangle\otimes\|0\rangle$	$\|\uparrow\rangle\otimes\|0\rangle$	$\|\downarrow\rangle\otimes\|1\rangle$	$\|\uparrow\rangle\otimes\|1\rangle$	$\|\downarrow\rangle\otimes\|2\rangle$	$\|\uparrow\rangle\otimes\|2\rangle$	$\|\downarrow\rangle\otimes\|3\rangle$	$\|\uparrow\rangle\otimes\|3\rangle$
$\langle 3\|\otimes\langle\downarrow\|$						$\frac{\sqrt{3}}{4}\lambda$	$-\frac{\omega_a}{2}+3\omega$	
$\langle 3\|\otimes\langle\uparrow\|$					$\frac{\sqrt{3}}{4}\lambda$			$\frac{\omega_a}{2}+3\omega$

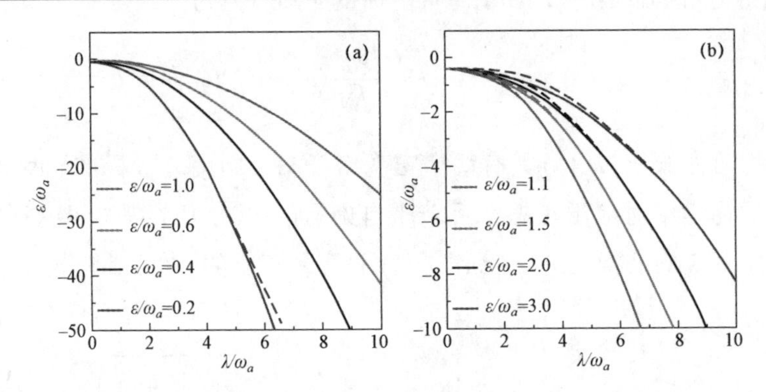

图 2.5.1　两种计算方法的比较基态能量曲线（a）红失谐和蓝失谐（b）

两者用图对比（自旋，数值）基态能量的差异（共振红失谐）如图 2.5.1 所示.

由解析式（2.5.11）和 Fock 状态为 300 光子的数值对角化得到红失谐（a）和蓝失谐（b）的能量曲线，数值对角化线与解析结果的偏差用虚线表示.

基于变分法求出的基态能量（2.5.11）和严格数值对角化算出的能量进行比较，可以观察到两种情况基本很符合，但变分法出于模型的某种近似，将会出现一些稍微的偏差，这种偏差是非常小的. 这种方法适用于二能级系统所有的共振频率 $\omega_a=\omega$，以及红失谐 $\omega_a>\omega$，蓝失谐 $\omega_a<\omega$.

2.6　用自旋相干态变分法解标准的 Dicke 模型

对于 N 个全同的二级原子，Dicke 哈密顿量与单一模式的电磁场相互作用是

$$H=\omega a^{\dagger}a+\omega_0 J_z+\frac{g}{\sqrt{N}}(a^{\dagger}+a)(J_{+}+J_{-}) \tag{2.6.1}$$

玻色子算子 $a,a^{\dagger}$ 是光场的湮灭和产生算符，赝自旋 $J_i(i=z,\pm)$ 是集体原子算符，

满足角动量换算关系（$[J_{\pm},J_z]=\mp J_{\pm},[J_+,J_-]=2J_z$）与自旋长度 $j=N/2$．作为量子光学中的一个典型问题，DM 在各种背景下不断提供了一个令人着迷的研究途径，并被看作是宏观多粒子量子态的一个显著例子，可以严格求解．从正常相到超辐射相的 QPT 发生在临界相变点是耦合强度 $g_c=\sqrt{\omega\omega_a}$ 和 $g>g_c$ 系统进入超辐射相．

在光场相干态 $|\alpha\rangle$ 下，DM 的哈密顿量（2.6.1）为

$$H_{sp}(\gamma)=\omega\gamma^2+\omega_0 J_z+\frac{g\gamma}{\sqrt{N}}(e^{i\eta}+e^{-i\eta})(J_++J_-) \tag{2.6.2}$$

平均哈密顿量 $H_{sp}(\gamma)$ 具有两个宏观本征态，即南北极标准 SCS$|\pm n\rangle$．在 DM 的动力学中对应于正态和反转赝自旋态的 SCS 可以从极端 Dicke 态产生．进行 SCS 变换得 $|\pm n\rangle=R(n)|j,\pm j\rangle$ 并且是正交的．在 2.5.1 计算的基础上并假定

$$\cos\theta=\frac{\omega_0}{\sqrt{\omega_0^2+(4g\gamma/\sqrt{N})^2}}，\quad A(\gamma)=\sqrt{\omega_0^2+\left(\frac{4g\gamma}{\sqrt{N}}\right)^2} \tag{2.6.3}$$

最后得到一个变量的基态能量函数：

$$E_-(\gamma)=\omega\gamma^2-\frac{N}{2}\sqrt{\omega_0{}^2+\left(\frac{16g^2\gamma^2}{N}\right)} \tag{2.6.4}$$

通过一阶导数等于零的能量函数的一般极值条件，可以发现宏观的多粒子量子态解：

$$\frac{\partial E_-(\gamma)}{\partial\gamma}=2\gamma\left(\omega-\frac{4g^2}{\sqrt{\omega_0^2+16g^2\gamma^2/N}}\right)=0 \tag{2.6.5}$$

从方程（2.6.5），我们发现它有两个解决方案．一个解决方案是：解是参数 $\gamma=0$，对应于零光子数解，并且只有当二阶导数为正时定义为正常相(NP)．即 $\partial^2E_-(\gamma=0)/\partial\gamma^2>0$．另一个解的条件是

$$\omega-\frac{4g^2}{\sqrt{\omega_0^2+16g^2\gamma^2/N}}=0 \tag{2.6.6}$$

在临界相变点 $g_c=\sqrt{\omega\omega_a}/2$，Dicke 模型系统从 NP 到 SP 经历一个 QPT，其

间有广泛的研究.

DM 系统的基态能量是

$$\varepsilon=\frac{E}{\omega_0 N}=\begin{cases}-0.5, & g\leqslant g_c\\ -\left(\dfrac{g^2}{\omega\omega_0}+\dfrac{\omega\omega_0}{16g^2}\right), & g>g_c\end{cases}\tag{2.6.7}$$

在 SP 区域，原子布居数的差异是跟原子和场的相互作用强度成正比的，而且满足下列关系：

$$\Delta n_a=\frac{\langle J_z\rangle}{N}=\begin{cases}-0.5, & g\leqslant g_c\\ -\dfrac{\omega\omega_0}{8g^2}, & g>g_c\end{cases}\tag{2.6.8}$$

当 $g>g_c$ 时，平均光子数分布满足下列非线性关系：

$$n_p=\frac{\langle a^+a\rangle}{N}=\begin{cases}0, & g\leqslant g_c\\ \left(\dfrac{g^2}{\omega^2}-\dfrac{\omega_0^2}{16g^2}\right), & g>g_c\end{cases}\tag{2.6.9}$$

处理标准 DM 的基态性质，SCS 方法与 Holstein-Primakoff 完全一致，并且对于任意原子数 N 有效，而 Holstein-Primako 变换必须在热力学极限条件下即 $N\to\infty$ 才成立.

2.7　用相干态的另外三种形式解 Dicke 模型

第一种方法

设基态波函数为定义 $|\psi_\pm\rangle=|\alpha\rangle\otimes|\pm n\rangle$

SU(2) 自旋相干态的 $\vec{J}\cdot\vec{n}|\pm n\rangle=\pm s|\pm n\rangle$

当 $s=N/2$ 为总的赝自旋量，单位矢量.

$\vec{n}=(\sin\xi\cos\eta,\sin\xi\sin\eta,\cos\xi)$ ξ 和 η 是方位角. 状态 $|\pm n\rangle$ 定义的算符 $\vec{J}\cdot\vec{n}$ 本征态和从球的南、北级各自计量本征值为 $\pm s$. 且满足最小不确定关系

$\dfrac{1}{2}|\langle J_z\rangle|=\langle(\Delta J_x)^2\rangle^{\frac{1}{2}}\langle(\Delta J_y)^2\rangle$ 这里 $\langle J_z\rangle=\langle\pm n|J_z|\pm n\rangle$

在旋转算符 $R=e^{i\xi\vec{m}\cdot\vec{J}}$ 的作用下，自旋相干态 $|\pm n\rangle=R|s,\pm s\rangle$，自旋相干态能从 J_z 极端的状态产生 $J_z|s,\pm s\rangle=\pm s|s,\pm s\rangle$ 其中 $x\,y$ 平面的单位矢量 $\vec{m}$ 垂直于由 z 和 $\vec{n}$ 所确定的平面，$\vec{m}$ 的一般形式为 $(\sin\eta,-\cos\eta,0)$ 如图 2.7.1 所示.

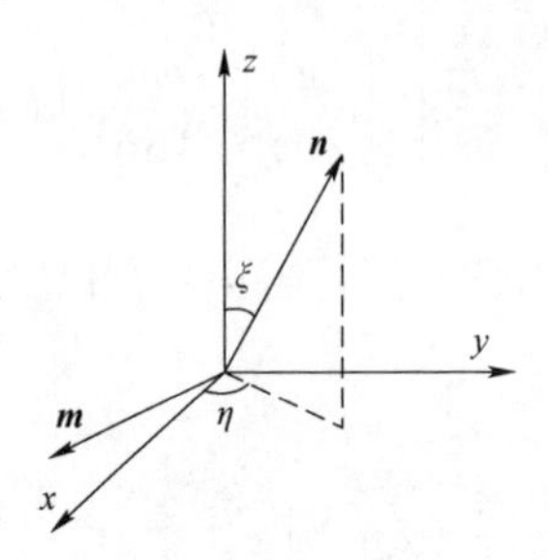

图 2.7.1　单位矢量 **n** 和 **m** 关系简图

波函数 $\psi_\pm(\alpha)$ 的能量期待值为

$$E_\pm(\alpha)=\langle\psi_\pm|H|\psi_\pm\rangle=\langle\pm n|H_{es}(\alpha)|\pm n\rangle \tag{2.7.1}$$

有效的自旋哈密顿量 $H_{es}(\alpha)$ 来源于玻色平均场处理也包含了自旋算符，复杂的玻色场参量 α 由变分原理确定同时能量的作用函数 $E_\pm(\alpha)$ 是最小的. 关键是适当的选择任意算符 R 使得自旋相干态 $|\pm n\rangle$ 变成有效自旋哈密顿量的本征态，即 $H_{es}(\alpha)$ 描述参数化的经典有效光场 α 中的 N 个原子而获得精确的能量泛函.

$$H_{es}(\alpha)|\pm n\rangle=E_\pm(\alpha)|\pm n\rangle \tag{2.7.2}$$

系统基态能量通过对复参量 α 的标准变分得到其解析解.

假设光场 $\alpha=u+iv$ 对于 Dicke 模型有效的自旋哈密顿量是

$$H_{es}=\omega(u^2+v^2)+H_s(\alpha) \tag{2.7.3}$$

这里 $H_s(\alpha)=\omega_0 J_z+\dfrac{4gu}{\sqrt{N}}J_x$ 重新写 $H_s(\alpha)=r\,(\cos\xi J_z+\sin\xi J_x)$

在这里旋转算符其单位矢量写作 $\vec{m}=(0,-1,0)$.

参量决定于 $r=\sqrt{\omega_0^2+\left(\dfrac{4gu}{\sqrt{N}}\right)^2}$　　$\cos\xi=\dfrac{\omega_0}{r}$　　$\sin\xi=\dfrac{4gu}{\sqrt{N}}$

$H_s(\alpha)$ 的本征值由 $E_s(\alpha)=sr$ 决定基态能量是最小的能量函数 $E_-(\alpha)$

$$E_-(\alpha)=\omega(u^2+v^2)-\frac{N}{2}\sqrt{\omega_0^2+\left(\frac{4g}{\sqrt{N}}u\right)^2} \tag{2.7.4}$$

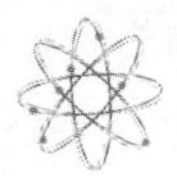

$\partial E_- / \partial v = 0 \quad \partial E_- / \partial u = 0$ 可得

$$\begin{cases} u = 0 \\ v = 0 \end{cases} \text{和} \begin{cases} u^2 = \dfrac{N\omega^2}{16g^2}\left(\dfrac{g^4}{g_c^4} - 1\right) \\ v = 0 \end{cases} \tag{2.7.5}$$

其中 $g_c = \sqrt{\omega\omega_0}/2$，$u^2 \geqslant 0$, $g > g_c$，u^2 是在超级辐射时的光子数.

（2.7.5）代入（2.7.4）得平均的基态能量

$$\varepsilon = \frac{E_-}{\omega_0 N} = \begin{cases} -1/2, & g \leqslant g_c \\ -\left(\dfrac{\omega_0\omega}{16g^2} + \dfrac{g^2}{\omega\omega_0}\right), & g > g_c \end{cases} \tag{2.7.6}$$

原子在两能级之间的占据数差为

$$\Delta n_a = \langle J_z \rangle / N = \langle -s | \tilde{J}_z | -s \rangle / N = \begin{cases} -1/2, & g \leqslant g_c \\ -g_c^2 / 2g^2, & g > g_c \end{cases} \tag{2.7.7}$$

其中 $\tilde{J}_z = R^\dagger J_z R = \cos\theta J_z - \sin\theta J_x$.

不考虑 $a^\dagger J_+ + aJ_-$ 两项称为旋波近似，这时的哈密顿量为

$$H = \omega a^\dagger a + \omega_0 J_z + \frac{g}{\sqrt{N}}(a^\dagger J_- + aJ_+) \tag{2.7.8}$$

相变点 $g^R = \sqrt{\omega\omega_0}$

$$\frac{n_p^R}{N} = \begin{cases} 0, & g \leqslant g_c^R \\ \dfrac{1}{4}\left(\dfrac{g^2}{\omega^2} - \dfrac{\omega_0^2}{g^2}\right), & g > g_c^R \end{cases} \tag{2.7.9}$$

$$\varepsilon^R = \frac{E_-^R}{\omega_0 N} = \begin{cases} -1/2, & g \leqslant g_c^R \\ -\dfrac{1}{4}\left(\dfrac{g^2}{\omega\omega_0} + \dfrac{\omega_0}{g^2}\right), & g > g_c^R \end{cases} \tag{2.7.10}$$

$$\frac{\Delta n_a^R}{N} = \begin{cases} -1/2, & g \leqslant g_c^R \\ -g_c^2 / 2g^2, & g > g_c^R \end{cases} \tag{2.7.11}$$

与用通常的 H-P 变换所得的结论一致.

第二种方法

μ，$\nu \in \mathbb{R}$　取相干态为

$$|\mu,\nu\rangle = |\mu\rangle \otimes |\nu\rangle，\ |\mu\rangle = (1+\mu^2)^{-J} e^{\mu J^+} |J,-J\rangle，\ |\nu\rangle = e^{\nu^2/2} e^{\nu a^+} |0\rangle \tag{2.7.12}$$

$|0\rangle$ 代表基态时的场，$|J,-J\rangle$ 代表基态时原子的状态，$j=N/2$

$$a|0\rangle=0\text{，}\ J_-|J,-J\rangle=0$$

对于原子的 $|\mu\rangle$ 给出取平均值时的 $\langle\mu|J_x|\mu\rangle=j\dfrac{2\mu}{1+\mu^2}$　$\langle\mu|J_z|\mu\rangle=-j\dfrac{1-\mu^2}{1+\mu^2}$

代入方程（2.6.1）可得

$$E(\mu,\nu,g)=\omega\nu^2+\omega_0 j\left(\frac{\mu^2-1}{\mu^2+1}\right)+g\sqrt{2j}\frac{4\mu\nu}{\mu^2+1} \tag{2.7.13}$$

$$\frac{\partial E}{\partial\nu}=2\omega\nu+g\sqrt{2j}\frac{4\mu}{\mu^2+1}=0\text{，}\ \nu=-g\sqrt{2j}\frac{2\mu}{\omega(\mu^2+1)} \tag{2.7.14}$$

$$\frac{\partial E}{\partial\mu}=\frac{\omega_0 j4\mu}{(\mu^2+1)^2}+g\sqrt{2j}\frac{8\nu\mu(1-\mu^2)}{(\mu^2+1)^2}=0$$

$$\mu=0\text{，}\ \mu^2=\frac{4g^2-\omega_0\omega}{4g^2+\omega_0\omega} \tag{2.7.15}$$

式（2.7.14）和式（2.7.15）得

$$E/N=-\frac{\omega_0}{2}\text{，}\ E/N=-\left(\frac{g^2}{\omega_0}+\frac{\omega\omega_0^2}{16g^2}\right)$$

$\mu^2=0$，得到相变点在 $g_c=\sqrt{\omega\omega_0}/2$

所得的结果与方法一相同，同样可求得旋波近似的值.

第三种方法

波函数

$$|\psi\rangle=|\theta\rangle\otimes|\alpha\rangle \tag{2.7.16}$$

$|\theta\rangle$ 代表自旋相干态，$|\alpha\rangle$ 代表场的玻色相干态.

定义消灭算符的本征值和本征态 $a|\alpha\rangle=\alpha|\alpha\rangle$ $|\alpha\rangle=e^{\alpha a^\dagger-\alpha^* a}|0\rangle$ 期望值为 $\langle\alpha|a^\dagger a|\alpha\rangle=|\alpha|^2$　$\langle\alpha|(a^\dagger+a)|\alpha\rangle=2\mathrm{Re}\alpha$　$j=N/2$.

自旋相干态定义为 $|\theta\rangle=e^{i\theta J_y}|j,-j\rangle$ 算符 $\cos\theta J_z-\sin\theta J_x$ 的本征值是 $-j$，$(\cos\theta J_z-\sin\theta J_x)|\theta\rangle=-j|\theta\rangle$　两个自旋相干态叠加 $\langle\theta|\chi\rangle=\cos^{2j}\dfrac{\theta-\varphi}{2}$

对于 $j\to\infty$，$\theta\neq\chi$. 叠加态是零，$\langle\theta|\theta\rangle=\cos^{2j}\dfrac{\theta-\theta}{2}=1$

$$\langle\theta|J_x|\theta\rangle=j\sin\theta|\theta\rangle\text{，}\ \langle\theta|J_z|\theta\rangle=-j\cos\theta|\theta\rangle.$$

$\alpha\in\mathbb{R}$，α,θ 是参量，代入 Dicke 模型方程可得

$$E(\alpha,\theta)=\omega\alpha^2-j\omega_0\cos\theta+2g\sqrt{2j}\alpha\sin\theta \tag{2.7.17}$$

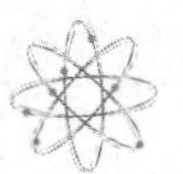

$$\frac{\partial E(\alpha,\theta)}{\partial\alpha}=2\omega_0\alpha+2g\sqrt{2j}\sin\theta=0 \quad \alpha=-\frac{\sqrt{2j}g}{\omega_0}\sin\theta$$

$$\frac{\partial E(\alpha,\theta)}{\partial\theta}=j\omega_0\sin\theta+2g\sqrt{2j}\alpha\cos\theta=0 \quad \sin\theta=0 \quad \theta=0\text{，} \cos\theta=\frac{\omega\omega_0}{4g^2}$$

$\cos\theta=\dfrac{\omega\omega_0}{4\lambda^2}=1$相变点是 $g_c=\sqrt{\omega_0\omega}/2$

$\theta=0$，$\alpha=0$，

$\alpha=-\dfrac{\sqrt{2j}g}{\omega_0}\sin\theta$，$\cos\theta=\dfrac{\omega_A\omega_0}{4g^2}$ 计算基态能量代入（2.7.17）得

$$\varepsilon=\frac{E}{\omega_0 N}=\begin{cases}-\dfrac{1}{2}, & g\leqslant g_c,\\ -\left(\dfrac{g^2}{\omega\omega_0}+\dfrac{\omega\omega_0}{16g^2}\right), & g>g_c.\end{cases} \tag{2.7.18}$$

结果与上述两种方法的结论完全相同，同理可证旋波近似的情况.

画出 $\omega=\omega_0=1$ 共振时，实线表示非旋波近似，点划线表示旋波近似. 如图 2.7.2 所示.

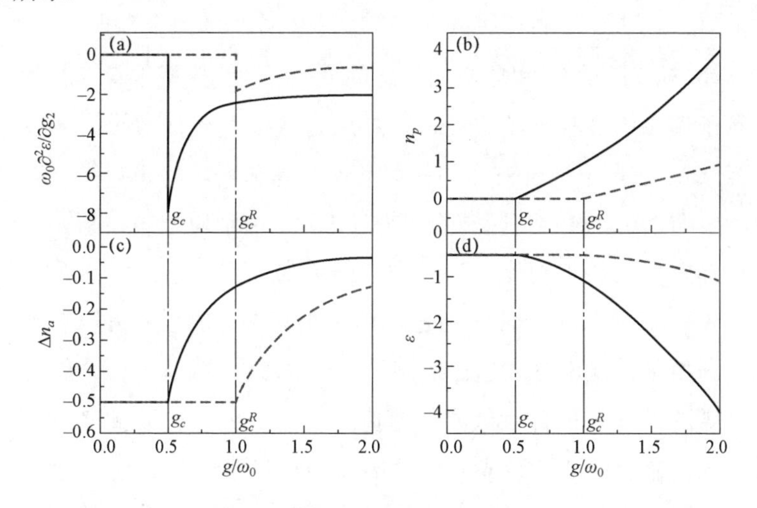

图 2.7.2 （a）基态能量的二阶导数（b）光子数（c）原子布居数（d）基态能量作为作为参量 g 的函数的分布示意图

在第一章 1.4 中已经定义了光子数、原子布居数，基态能量的定义.

由此可见三种方法计算出的相变点和基态能量都相等，但是比较简单，与用通常的 H-P 变换所得的结论一致. 而 H-P 变换需要在 $N\to\infty$ 取极限，计算也非常烦琐.

第 3 章　求解单模拓展的 Dicke 模型的量子相变和基态解

3.1　考虑场的平方项 Dicke 模型中宏观态和量子相变

3.1.1　引言

分析 Dicke 模型（DM）宏观量子态（MQSs）的能谱与量子相变（QPT）的关系，MQSs 为玻色子和自旋相干态的直积. 虽然模型本身非常简单，但它展示了量子理论的各种独特方面，已经成为量子系统行为的集体效应研究领域的典范. DM 在量子光学方面和任何其他与光和物质的相互作用的系统中都是至关重要的，例如耦合到谐振器的超导电路. 由于原子被限制在一个小的容器中，与辐射场的波长相比，该模型被简化为一个量子力学问题，可以准确地解决. 在零温度下，N 个原子通过玻色场相互作用的系统可以表现出由基础的正常相到相干自发辐射的超辐射相之间的 QPT，描述了一个结构变化的基态能量光谱的性质在耦合参数的临界值，场的玻色子的数量和原子激发态突然从零增加. 量子场论已经成为研究多体物理中量子关联动力学性质的一种基本方法，因此也成为量子信息论领域的研究热点. DM 具有从正常相变到超辐射相变的二阶相变，因为其广泛的应用范围，如基态纠缠和相应的有限尺寸行为，而得到了广泛的研究. 采用 H-P 变换方法得到临界指数和有限尺寸修正，是目前研究 QPT 最常用的方法.

只有原子－光子的集体耦合强度与原子能级空间的阶数相同时，才会发生两次跃迁，这是一个具有挑战性的跃迁条件. 在腔量子动力学的强耦合状态

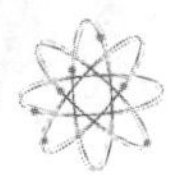

下，可以通过控制泵浦激光功率来实现. 对于高细度光学腔中的玻色 – 爱因斯坦凝聚体，可以将两个能级的能量空间调节到足够小，实验观察到 QPT 即超辐射跃迁.

考虑玻色子场纵向部分引起的电磁矢量势，量子化哈密顿量部分为 $H_{A^2}=\kappa(a^\dagger+a)^2$，其中 κ 为玻色子场的相互作用强度.

将哈密顿量转化为双模玻色子问题的 HP 表示是热力学极限（$N\to\infty$），忽略 HP 平方根的展开式中的项，从而得到可解的哈密顿量. 本节提出了一种用标准变分方法研究量子点能谱的新方法. 利用自旋相干态（SCS）变换使能量泛函中有效的自旋哈密顿量对角化了，这是新观测的关键. 从 SCSs 的南北极量获得的两个 MQSs 的能谱都具有 QPT 的行为，其中只有一个是基态. SCS 方法也适用于自旋 1/2 的单原子情况，避免了由 H-P 变换产生的热力学极限近似，并分析了几何相和几何相一阶偏导随光场 – 原子耦合参量的变化趋势.

3.1.2　哈密顿量和自旋相干态变分法

描述能级空间 ω_0 的 N 个二能级原子与频率为 ω 的单模玻色子相互作用的 Dicke 哈密顿量（DH），一般可以写成

$$H=\omega a^\dagger a+\kappa(a^\dagger+a)^2+H_{sb} \tag{3.1.1}$$

自旋玻色子耦合部分被定义为

$$H_{sb}=\omega_0 J_z+\frac{g}{2\sqrt{N}}(a^\dagger+a)(J_++J_-)=\omega_0 J_z+\frac{g}{\sqrt{N}}(a^\dagger+a)J_x \tag{3.1.2}$$

算符 a 和 $a^\dagger$ 分别表示单模湮灭和产生玻色子（光子）算符，J_z 是原子相对总体算符，$J_\pm=(J_x\pm iJ_y)$ 是原子跃迁算符.

波函数由玻色相干态和自旋相干态组成，即 $|\psi\rangle=|\alpha\rangle\otimes|\pm n\rangle$，其中玻色相干态由 $a|\alpha\rangle=\alpha|\alpha\rangle$ 定义，设 $\alpha=u+iv$，

$$E_\pm(\alpha)=\langle\psi_\pm|H|\psi_\pm\rangle=\langle\pm\vec{n}|H_{es}(\alpha)|\pm\vec{n}\rangle \tag{3.1.3}$$

经由 2.7 的计算可得

$$H_{es}(\alpha)=(\omega+4\kappa)u^2+\omega v^2+H_s(\alpha) \tag{3.1.4}$$

$H_s(\alpha)=\omega_0 J_z+\dfrac{2gu}{\sqrt{N}}J_x$ 为不含常数的有效自旋哈密顿量，可以写成

$H_s(\alpha)=r(\cos\theta J_z+\sin\theta J_x)$，参数确定为 $r=\sqrt{\omega_0^2+\left(\frac{2gu}{\sqrt{N}}\right)^2}$，$\cos\theta=\frac{\omega_0}{r}$，

$\sin\theta=\frac{2gu}{r\sqrt{N}}$. $H_s(\alpha)$ 的能量特征值为 $E_s(\alpha)=jr$，总能量泛函为

$$E_{\pm}(\alpha)=(\omega+4\kappa)u^2+\omega v^2\pm\frac{N}{2}\sqrt{\omega_0^2+\left(\frac{2gu}{\sqrt{N}}\right)^2} \tag{3.1.5}$$

基态能量是仅适用于南极规范 SCS 的能量函数 $E_{-}(\alpha)$ 的最小值.

从 $\partial E_{-}(\alpha)/\partial v=0,\partial E_{-}(\alpha)/\partial u=0$ 可以得到 $v=0$，$u=0$ 或

$$\frac{u^2}{N}=\frac{|\alpha|^2}{N}=\frac{\omega_0^2}{4g^2}\left(\frac{g^4}{g_c^4}-1\right) \tag{3.1.6}$$

即超辐射相中的光子数. 其中参数

$$g_c=\sqrt{\omega_0(\omega+4\kappa)} \tag{3.1.7}$$

当 $\kappa=0$ 返回标准 Dicke 模型时，为相变临界点，与 H-P 方法得到的值相同. 那么每个原子的基态能量是

$$\varepsilon_{-}=\frac{E}{\omega_0 N}=\begin{cases}-0.5, & g\leqslant g_c\\ -\frac{g^2g_c^2}{4}\left(\frac{1}{g_c^4}+\frac{1}{g^4}\right), & g>g_c\end{cases} \tag{3.1.8}$$

这也在参考文献中得到. 然而，这只是 H-P 变换方法中热力学极限的近似. 证明了用 SCS 表示可以避免由 H-P 变换本身引起的近似. 在 g_c 以下，系统处于正常相，但在临界点以上是超辐射相，而在公式中，对于任意数量的原子 QPT 都出现，根本不需要热力学极限. 由临界点一阶导数 $\frac{\partial\varepsilon_{-}}{\partial g}/g=g_{c-}=\frac{\partial\varepsilon_{-}}{\partial g}/g=g_{c+}=0$ 的连续可知，QPT 为相变点在二阶中的量子相变（图 3.1.1）.

从图 3.1.1 可以看出，考虑到光场的非线性项，相变点 g_c 将向右移动.

能量谱的耦合常数依赖 MQSs $\varepsilon_{-},\varepsilon_{+}$（虚线）和占有概率区别两个布居数分布 $\langle J_z\rangle/N$（嵌入）和 $\omega=\omega_0=1$，$k=0.0$，0.1，0.2 g_c 的临界点

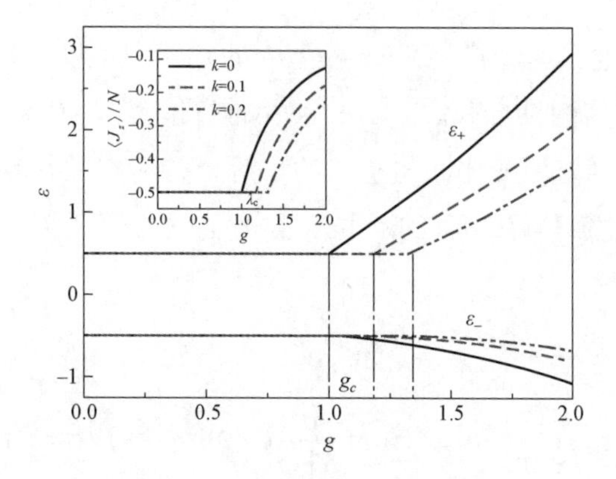

图 3.1.1　能量谱和布居数分布图

两个能级，原子的布居数分布为

$$\Delta n_{a_-} = \frac{\langle -s|J_z|-s\rangle}{N} = \begin{cases} -0.5, & g \leqslant g_c \\ -\dfrac{g_c^2}{2g^2}, & g > g_c \end{cases} \tag{3.1.9}$$

由北极规范的 SCS 所产生的激发态 MQS 的能谱

$$\varepsilon_+ = \frac{E_+}{\omega_0 N} = \begin{cases} 0.5, & g \leqslant g_c \\ \dfrac{g^2 g_c^2}{4}\left(\dfrac{3}{g_c^4} - \dfrac{1}{g^4}\right), & g > g_c \end{cases} \tag{3.1.10}$$

MQS 可能在激光物理和技术中具有重要意义. 在图 3.1.1 中，能量谱 ε_+ 作为耦合常数 g 函数. 对于单原子情况布居数分布为 $s=1/2$，只是两个能级的占据概率差的一半.

3.1.3　Berry 相

Berry 相（又叫几何相）的几何特性是电子稳恒的运动状态在有时间时的变化过程中的一个很重要问题. 人们对量子态的时间演化有了相当深入的了解. 近年来，与几何相位（GP）相关的一个明显的领域是 QPT 在许多系统中的研究. 人们发现几何相的行为和量子多体系统当中的量子相变之间也有非常大的相关性. 由于量子相变的进行会引起基态临界点的突然变化，相应的基态的非解析行为也就成了量子多体系统当中量子相变研究的重要的对象，对于人们来说，自然希望这样的非解析行为可以反映在波函数的几何相中，与量子光学中的其他模型一样，Dicke 模型中的几何相可以在光子数算符的转动下产生. 可以定义含时间的幺正变换（转动算符）为$U(t)=\exp[i\varphi(t)R]$

基态在临界点处的变化，与基态的非解析行为有关，预计反映在波函数的 GP 中. 在经过各种修改的 DM 中，GP 是由光子数算符旋转产生的，就像在量子光学中一样.

几何相表示为

$$\frac{\gamma}{N}=-i\int_0^{2\pi}\langle -\vec{n}|\langle\alpha|U(\varphi)\frac{\partial}{N\partial\varphi}U(\varphi)|\alpha\rangle|-\vec{n}\rangle d\varphi=2\pi|\alpha|^2$$
$$=\begin{cases}0, & g\leqslant g_c\\ \dfrac{\pi\omega_0^2}{2g^2}\left(\dfrac{g^4}{g_c^4}-1\right), & g>g_c\end{cases} \tag{3.1.11}$$

其中幺正变换算子为$U(\varphi)=e^{ia^\dagger a\varphi}$，GP（或光子数）的线性依赖关系仍然处于超辐射阶段，在临界点处没有特殊的发散. GP 的一阶偏导很明显

$$\frac{\mathrm{d}\gamma}{N\mathrm{d}g}=\begin{cases}0, & g\leqslant g_c\\ \pi\omega_0^2 g\left(\dfrac{1}{g_c^4}+\dfrac{1}{g^4}\right), & g>g_c\end{cases} \tag{3.1.12}$$

几何相和它的一阶偏导内插图及其参量$\omega=\omega_0=1$，γ随耦合参数 g 的变化曲线.

图 3.1.2 显示了 GP，γ/N及其导数$\mathrm{d}\gamma/N\mathrm{d}g$（内嵌）作为 DH 的 g 的函数. 与能谱不同的是 GP 在一阶导数不连续的临界点处表现出明显的变化.

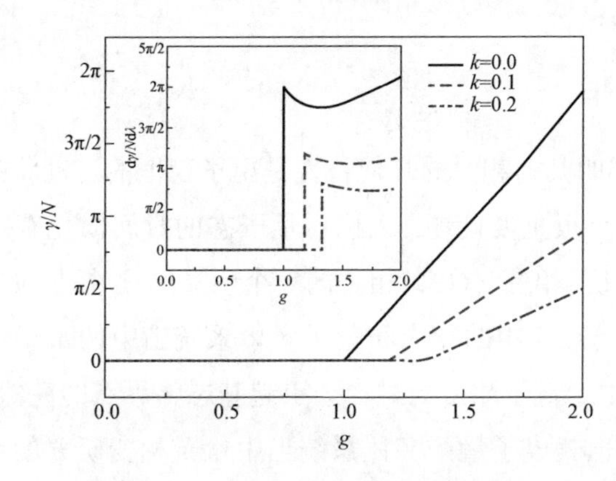

图 3.1.2　几何相和几何相的一阶偏导

3.1.4　讨论和结论

MQSs 很好地描述了 QPT，QPT 实际上是一种宏观量子现象. 对于任意原子数，有效赝自旋可以通过 SCS 变换对角化哈密顿得到基态的能量谱参数，对原子数目没有限制. 在相变临界点，处于激发态的光子数和原子数的期望值与原子总数 N 成正比，并随原子—场的耦合常数变化. 场的二次项影响了相变点和物理参量的变化，并且随着二次场相的强度的增加，影响也增加.

3.2　考虑原子间相互作用的 Dicke 模型

3.2.1　引言

QPT 与经典相变相比在发生的温度条件和发生系统都有很大的差别. 如发生的温度在绝对零度，只能通过改变物理参数来研究，例如改变磁场强度来研究. 在多体系统中会发生的量子相变属于二阶量子相变.

标准的 DM 的形式很简单，但它蕴含着丰富的物理意义，而且包含从正常相到超辐射相的相变，广泛应用于理论研究. 在原子物理学和固体物理学中，DM 有广泛的研究. 在量子计算中，QPT 与量子混沌和量子纠缠有一定的关系.

有效的原子相互作用的强度可以由 Feshbach 共振来操纵，而在 Feshbach 的共振点，就是这样接近其大小，甚至达到兆赫的数量级. 注意到有效的偶极子与偶极子相互作用原子在上述 DM 中被忽略.

本节基于 SCS 变分法，揭示关于拓展的 Dicke 哈密顿量基态的精确解. 得到了平均光子数、原子布居数、平均能量的解析解并且还可以绘出临界曲线和基态相图. 对于 J_z^2 这一项，SCS 变分法不能处理原子与原子相互作用的平方项. 为了解决 J_z^2 这一项，需要用自洽平均场的方法. 最后得出的结论表明了由于偶极子与偶极子的相互作用使得正常相到超辐射相的临界相变点移动，由于原子与原子的相互作用比较弱，故自洽的方法适用于小变化的范围.

总之，目前可以通过用三种方法进行推导，做理论计算. 这三种方法分别是：二次量子化法、自旋相干态变分法、自洽平均场理论.

3.2.2 推导拓展的哈密顿量

用二次量子化导出考虑原子间相互作用拓展 Dicke 模型的哈密顿量所提出的 DM 哈密顿函数描述了 N 个相同二能级原子的集合相互作用，耦合到单模高精细光学腔. 而对于含有长程原子相互作用的拓展 Dicke 模型，原子与原子的相互作用，只考虑一个简单的问题—两体相互作用势，得到下面的三个哈密顿量部分

$$H = H_{\text{photon}} + H_{\text{atom}} + H_{\text{atom-photon}} \tag{3.2.1}$$

其中，光子的哈密顿量为

$$H_{\text{photon}} = \omega a^{\dagger} a \tag{3.2.2}$$

以及部分原子的哈密顿量和部分原子与光子相互作用分别为

$$H_{\text{atom}} = H_{\text{atom1+atom2}} + H_{\text{atom-atom}} + H_{\text{atom1-atom2}} \tag{3.2.3}$$

$$\begin{aligned} H_{\text{atom-photon}} &= g_0 \int \{ [\Psi_2^{\dagger}(r)\Psi_1(r)(a^{\dagger}+a)] \mathrm{d}^3 r + H.C. \} \\ &= g_0 \int [(\Psi_2^{\dagger}(r)\Psi_1(r) + \Psi_1^{\dagger}(r)\Psi_2(r))(a^{\dagger}+a)] \mathrm{d}^3 r \end{aligned} \tag{3.2.4}$$

其中 g_0 是原子－光子耦合强度的系数.

为了恰当地表示原子之间的弹性碰撞，只考虑两体相互作用与 δ 势并且引入宏观凝聚态 $\Psi_1(r,t)$ 的波函数. 根据 Gross－Pitaevskii 方程的第二量化，方程（3.2.3）中原子部分的哈密顿量可以得到：

$$H_{\text{atom1+atom2}} = \sum_{l=1,2} \int \left\{ \Psi_l^{\dagger} \left[-\frac{\nabla^2}{2m_R} + V_l(r) \right] \Psi_l(r) \right\} \mathrm{d}^3 r \tag{3.2.5}$$

$$H_{\text{atom-atom}} = \sum_{l=1,2} \int \left[\frac{q_l}{2} \Psi_l^{\dagger}(r) \Psi_l^{\dagger}(r) \Psi_l(r) \Psi_l(r) \right] \mathrm{d}^3 r \tag{3.2.6}$$

$$H_{\text{atom1-atom2}} = \int \left[q_{1-2} \Psi_1^{\dagger}(r) \Psi_2^{\dagger}(r) \Psi_1(r) \Psi_2(r) \right] \mathrm{d}^3 r \tag{3.2.7}$$

式中，$l=1,2$ 表示不同的原子成分，m_R 是原子质量，$V_l(r)$ 是库仑势能原子，$\Psi_l(r)$ 满足玻色子场算符对易的关系 $[\Psi_l(r), \Psi_l^{\dagger}(r')] = \delta_{rr'}^{l}$，$q_l = 4\pi\rho_l / m_R$ 描述 s 波散射长度的原子内的相互作用，$q_{1-2} = 4\pi\rho_{1-2} / m_R$ 描述 s 波散射长度的原子种

 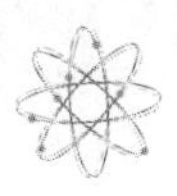

间的相互作用. 基于双模近似和$\Psi_l(r)=b_l\varphi_l$，其中两个玻色子湮没算符b_1和b_2分别代表两种原子模式，$[b_l,b_l^\dagger]=1$，方程（3.2.4）～（3.2.7）的原子光子相互作用和原子部分归结为以下几点

$$\begin{aligned}H_{\text{atom-photon}}&=g_0\int[(b_2^\dagger\phi_2^*b_1\phi_1+b_1^\dagger\phi_1^*b_2\phi_2)(a^\dagger+a)]\,d^3r\\&=g_0\int[(\phi_2^*\phi_1b_2^\dagger b_1+\phi_1^*\phi_2b_1^\dagger b_2)(a^\dagger+a)]\,d^3r\\&=\frac{g'}{2}(b_2^\dagger b_1+b_1^\dagger b_2)(a^\dagger+a)\end{aligned}$$

$$H_{\text{atom1+atom2}}=\sum_{l=1,2}\omega_l b_l^\dagger b_l=\omega_{12}b_2^\dagger b_2+\omega_1N$$

$$H_{\text{atom1-atom2}}=V_{1\text{-}2}b_1^\dagger b_2^\dagger b_1b_2 \tag{3.2.8}$$

其中$g'=2g_0\int\varphi_2^*\varphi_1\mathrm{d}^3r\quad\int\phi_2^*\phi_1d^3r=\int\phi_1^*\phi_2\mathrm{d}^3r$.

原子频率为

$$\omega_l=\int\mathrm{d}^3r\varphi_l^*\left[-\frac{\nabla^2}{2m_R}+V_i(r)\right]\varphi_l$$

总原子数为$N=b_1^\dagger b_1+b_2^\dagger b_2$

原子与原子之间潜在能量和相互作用的能量分别为

$$V_{ll}=\frac{q_l}{2}\int\mathrm{d}^3r\,(\varphi_l^*\varphi_l)^2\text{ 和 }V_{1-2}=q_{1-2}\int\mathrm{d}^3r\varphi_1^*\varphi_1\varphi_2^*\varphi_2$$

ω_{12}是基态频率ω_{12}与激发态ω_2之间的原子跃迁频率.

将方程（3.2.2）～（3.2.8）代入总哈密顿量方程（3.2.1）中，最后系统的哈密顿形式为

$$H=\omega a^\dagger a+\sum_{l=1,2}\left(\omega_lb_l^\dagger b_l+\frac{V_{ll}}{2}b_l^\dagger b_l^\dagger b_lb_l\right)+V_{1-2}b_1^\dagger b_2^\dagger b_1b_2+\frac{g'}{2}(b_2^\dagger b_1+b_1^\dagger b_2)(a^\dagger+a) \tag{3.2.9}$$

为了考虑量子涨落，用双模近似可以得到整个量子问题的精确解，并且总原子数$N=b_1^\dagger b_1+b_2^\dagger b_2$，为了简单起见，运用自旋 Schwinger－boson 运算符表示为:

$$J_x=\frac{1}{2}(b_1^\dagger b_2+b_2^\dagger b_1),\ J_y=\frac{1}{2i}(b_2^\dagger b_1-b_1^\dagger b_2),\ J_z=\frac{1}{2}(b_2^\dagger b_2-b_1^\dagger b_1) \tag{3.2.10}$$

从方程（3.2.10）可以得到$J_+=b_2^\dagger b_1$，$J_-=b_1^\dagger b_2$. 根据$J_z=\frac{1}{2}(b_2^\dagger b_2-b_1^\dagger b_1)$和

$N=b_1^\dagger b_1+b_2^\dagger b_2$，得到

$$b_1^\dagger b_1=\frac{N}{2}-J_z,b_2^\dagger b_2=\frac{N}{2}+J_z \tag{3.2.11}$$

利用玻色子对易关系 $[b_l,b_l^\dagger]=1$ 和 $[b_l,b_j^\dagger]=0\,(l\neq j)$，哈密顿形式（3.2.9）改写为

$$\begin{aligned}H=&\omega a^\dagger a+\omega_1 b_1^\dagger b_1+\omega_2 b_2^\dagger b_2+\frac{V_{11}}{2}b_1^\dagger b_1^\dagger b_1 b_1+\frac{V_{22}}{2}b_2^\dagger b_2^\dagger b_2 b_2+\omega_{12}b_2^\dagger b_2+\omega_1 N+\\&\frac{g'}{2}(b_2^\dagger b_1+b_1^\dagger b_2)(a^\dagger+a)+V_{1-2}b_1^\dagger b_2^\dagger b_1 b_2\\&=\omega a^\dagger a+\omega_1 N+\left(\omega_1-\frac{V_{11}}{2}\right)b_1^\dagger b_1+\left(\omega_2-\frac{V_{22}}{2}+\omega_{12}\right)b_2^\dagger b_2+\\&\frac{g'}{2}(b_2^\dagger b_1+b_1^\dagger b_2)(a^++a)+\frac{V_{11}}{2}b_1^\dagger b_1 b_1^\dagger b_1+\frac{V_{22}}{2}b_2^\dagger b_2 b_2^\dagger b_2+V_{1-2}b_1^\dagger b_2^\dagger b_1 b_2\end{aligned}$$

用方程（3.2.11）代入可得

$$H=\omega a^\dagger a+\omega_a J_z+\frac{g}{2\sqrt{N}}(J_++J_-)(a^\dagger+a)+\frac{q}{N}J_z^2 \tag{3.2.12}$$

其中 $g=g'\sqrt{N}$ 定义为原子—光子相互作用强度，$\frac{q}{N}=-V_{1-2}+\left(\frac{1}{2}\right)(V_{11}+V_{22})$ 为原子平均相互作用强度，$\omega_a=(\omega_2-\omega_1)+\left(\frac{1}{2}\right)(N-1)(V_{22}-V_{11})$ 为有效的原子频率.

在哈密顿式子（3.2.12）中，与粒子数有关的常数项已经被忽视. 由于原子之间的相互作用力 q 较弱，经常被忽视. 当没有原子相互作用，哈密顿形式（3.2.12）恢复到标准的单模 Dicke 哈密顿量.

3.2.3 自洽平均场理论求解考虑原子间相互作用的基态泛函

由上一章中已用自旋相干态法解出了标准状态下 Dicke 模型原子布居数的差异是跟原子和场的相互作用强度成正比的，而且满足下列关系：

$$\Delta n_{a_0}=\frac{\langle J_z\rangle}{N}=\begin{cases}-0.5, & g\leqslant g_c\\-\frac{\omega\omega_a}{2g^2}, & g>g_c\end{cases} \tag{3.2.13}$$

在一些物理理论中，平均场理论也可以看作是自洽平均场理论. 强相互作用和弱相互作用都与自洽平均场理论兼容. 一系列文献已经用自洽平均场研

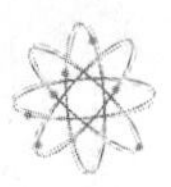

究原子、凝聚态，洛伦兹气体，自洽平均场微扰理论可以精确地解薛定谔方程的能量解，自洽平均场理论度量一阶量子相变，广义 Dicke 哈密顿量描述是用平均场理论描述.

基于平均场近似和自洽平均场理论开始以下讨论以解决包含原子－原子相互作用的拓展 DM.

对于原子－原子相互作用$\left(\frac{q}{N}\right)J_z^2$，利用自洽平均场理论，得到

$$\frac{q}{N}J_z^2=\frac{2q\langle J_Z\rangle J_Z}{N}$$

将此项代入等式（3.2.13）得：

$$\frac{q}{N}J_z^2=\frac{2q\langle J_z\rangle J_z}{N}=\begin{cases}-qJ_z, & g\leqslant g_c\\ -\dfrac{q\omega_a\omega}{g^2}J_z, & g>g_c\end{cases}\tag{3.2.14}$$

用方程（3.2.14）中 $g\leqslant g_c$ 的值代入哈密顿量（3.2.12），变成

$$H_{q_0}=\omega a^\dagger a+(\omega_a-q)J_z+\frac{g}{2\sqrt{N}}(J_++J_-)(a^\dagger+a)\tag{3.2.15}$$

需要强调的是，哈密顿算子（3.2.15）只能满足正常相的情况和相应的基态能量

$$\varepsilon_{q0}=\frac{E}{\omega_a N}=-\frac{1}{2\omega_a}(\omega_a-q)=-\frac{1}{2}+\frac{q}{\omega_a}\tag{3.2.16}$$

用方程（3.2.14）中 $g>g_c$ 的值再次转化为哈密顿量（3.2.12），它变成

$$H_{q_1}=\omega a^\dagger a+\omega_1 J_z+\frac{g}{2\sqrt{N}}(J_++J_-)(a^\dagger+a)\tag{3.2.17}$$

其中 $\omega_1=\omega_a-\frac{q\omega_a\omega}{g^2}=\omega_a\left(1-\frac{q\omega}{g^2}\right)$这其中包含原子相互作用的部分.

对于哈密顿量（3.2.17），原子布居数具有这样的形式

$$\Delta n_{a0}=\frac{\langle J_z\rangle}{N}=-\frac{\omega\omega_1}{2g^2},\quad g>g_c\tag{3.2.18}$$

原子与原子相互作用是相应的

$$\frac{q}{N}J_z^2=\frac{2q\langle J_z\rangle}{N}=-\frac{q\omega_1\omega}{g^2}J_z,\quad g>g_c \tag{3.2.19}$$

再次用方程（3.2.19）变成哈密顿量（3.2.17），它变成了

$$H_{q2}=\omega a^\dagger a+\omega_2 J_z+\frac{g}{\sqrt{N}}(J_+ + J_-)(a^\dagger + a) \tag{3.2.20}$$

其中有效原子频率

$$\omega_2=\omega_a-\frac{q\omega_1\omega}{g^2}=\omega_a\left[1-\frac{q\omega}{g^2}+\left(\frac{q\omega}{g^2}\right)^2\right] \tag{3.2.21}$$

此时相应的原子—原子相互作用是

$$\frac{q}{N}J_z^2=\frac{2q}{N}\langle J_z\rangle J_z=-\frac{q\omega\omega_2}{g^2}J_z \tag{3.2.22}$$

哈密顿量（3.2.17））重复上述步骤（3.2.18）、（3.2.19）和（3.2.21）、（3.2.22），得到三阶情形

$$H_{q3}=\omega a^\dagger a+\omega_3 J_z+\frac{g}{\sqrt{N}}(J_+ + J_-)(a^\dagger + a)$$

其中
$$\omega_3=\omega_a-\frac{q\omega_2\omega}{g^2}=\omega_a\left(1-\frac{q\omega}{g^2}+\left(\frac{q\omega}{g^2}\right)^2-\left(\frac{q\omega}{g^2}\right)^3\right)$$

重复上述迭代直到 n 级和（$n-1$）级近似对系统的总能量几乎没有影响并且满足允许自洽平均场理论的误差.

第 n 次原子有效频率为

$$\omega_{n\to\infty}=\omega_a\left(1-\frac{q\omega}{g^2}+\left(\frac{q\omega}{g^2}\right)^2-\left(\frac{q\omega}{g^2}\right)^3+\cdots\right)=\frac{\omega_a}{(1+q\omega/g^2)}=\frac{\omega_a}{g^2+q\omega}$$

相应的原子－原子相互作用为

$$\frac{q}{N}J_z^2=\frac{2q}{N}\langle J_z\rangle J_z=-\frac{q\omega_a\omega_{n\to\infty}}{g^2(1+q\omega/g^2)}J_z=-\frac{q\omega_a\omega}{g^2+q\omega}J_z$$

相应的总哈密顿量

$$H_{qn}=\omega a^\dagger a+\omega_n J_z+\frac{g}{\sqrt{N}}(J_+ + J_-)(a^\dagger + a) \tag{3.2.23}$$

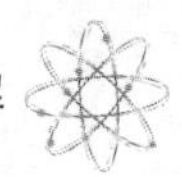

当 $n\to\infty$ 时，哈密顿量（3.2.20）变为

$$H_{qn}=\omega a^{\dagger}a+\frac{\omega_a g^2}{g^2+q\omega}J_z+\frac{g}{2\sqrt{N}}(J_+ + J_-)(a^{\dagger}+a) \qquad (3.2.24)$$

当不考虑原子－原子相互作用时，即 $q=0$，哈密顿量（3.2.24）返回标准 Dicke 哈密顿量. 如果 n 变为无穷大，则自洽方法具有相当高的精度，几乎没有误差. 在整篇论文中，以 ω_a 为单位，选择 $\omega_a=1$ MHz.

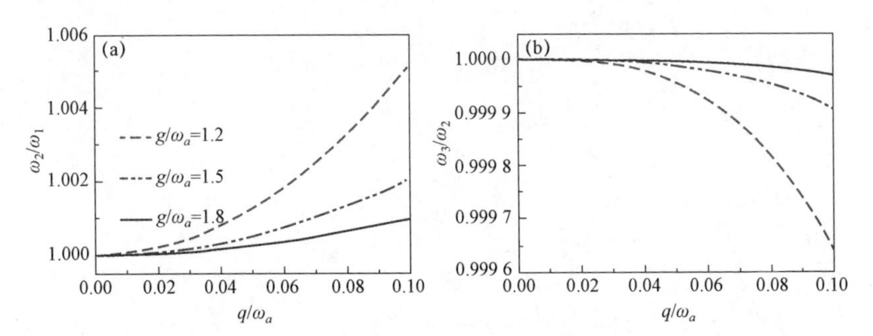

图 3.2.1　（a）$q/\omega_a-\omega_2/\omega_1$ 相对于 g/ω_a 图（b）$q/\omega_a-\omega_3/\omega_2$ 相对于 g/ω_a 图

图中 q/ω_a 为原子－原子相互作用函数； g/ω_a 为集体耦合强度. 光场的频率是 $\omega=\omega_a$. 从图 3.2.1 中，可以更清楚地看到这个小的差异.

3.2.4　相互作用参量对基态性质的影响

基于上述 SCS 方法和哈密顿量（3.2.24），基态能量函数

$$E_q(\gamma)=\omega\gamma_q^2-\frac{N}{2}\sqrt{\frac{\omega_a^2 g^4}{(g^2+q\omega)^2}+\frac{4g^2\gamma_q^2}{N}} \qquad (3.2.25)$$

也获得了拓展的 DM 通过一个量子相变与相变点 $g_{cq}=\sqrt{\omega\,(\omega_a-q)}$

平均光子数

$$\Delta n_{pq}=\frac{\gamma_q^2}{N}=\begin{cases}0, & g\leqslant g_c\\ \dfrac{g^2}{4\omega^2}-\dfrac{\omega_a^2 g^2}{4(g^2+q\omega)^2}, & g>g_c\end{cases} \qquad (3.2.26)$$

原子布居数分布

$$\Delta n_{aq} = \frac{\langle J_z \rangle}{N} = \begin{cases} -\dfrac{1}{2}, & g \leqslant g_c \\ -\dfrac{\omega_a \omega}{2(g^2 + q\omega)}, & g > g_c \end{cases} \tag{3.2.27}$$

准基态能量

$$\varepsilon_q = \frac{E_q}{\omega_a N} = \begin{cases} -\dfrac{\omega_a - q}{2\omega_a}, & g \leqslant g_c \\ -\dfrac{g^2}{4\omega\omega_a} - \dfrac{\omega\omega_a g^2}{4(g^2 + q\omega)^2}, & g > g_c \end{cases} \tag{3.2.28}$$

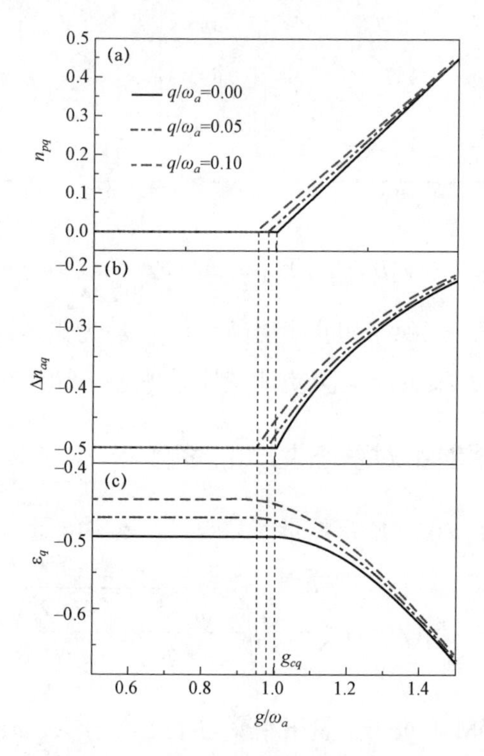

图 3.2.2　平均光子数 n_{pq}（a），原子布居数 Δn_{aq}（b）和平均能量 ε_q（c）相对于 g/ω_a 给定参数 $q/\omega_a = 0.00$，0.05，0.10

图 3.2.2 显示了原子－原子相互作用参数 q/ω_a 对平均光子数（a），原子布居数（b）和平均基态能量（c）的影响. 在临界相变点 g_{cq} 处，平均基态能量是连续的和光滑的，随着原子－原子相互作用的增加，它向低 g 方向移动. 在

NP 的相反面上，在 SP 区域中，激发的光子或原子数量是非零的并且随着集体耦合强度增加而增加. 同时，平均能量变低，但与 NP 零的情况持续.

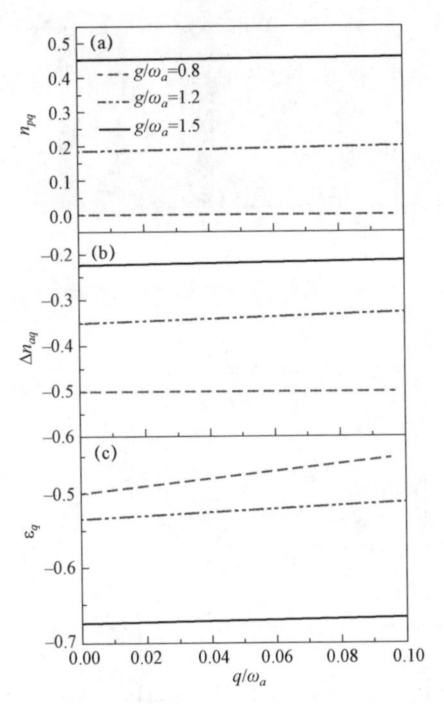

图 3.2.3　平均光子数 n_{pq}（a），原子布居数分布 Δn_{aq}（b）和平均能量 ε_q（c）对于给定的原子场耦合强度 $g/\omega_a = 0.8$，1.2，1.5

图 3.2.3 显示了平均光子数 n_{pq}（a），原子布居数 Δn_{aq}（b）和平均能量 ε_q（c）相对于 q/ω_a 的变化，对于给定的 $g/\omega_a = 0.8, 1.2, 1.5$. 平均光子数和原子布居数分布没有被激发，它们分别是水平线，同时，在 $g/\omega_a = 0.8$ 的情况下，随着原子与原子相互作用 q/ω_a 的增加，平均能量明显增加. 随着 g/ω_a 的增加，存在着激发的光子或原子数量和平均能量下降. 但当 $g/\omega_a = 1.5$ 时，激发粒子数几乎没有变化，平均能量最低，几乎保持一条直线.

在图 3.2.4 中，γ^2 作为 g 和 q 的函数. NP 和 SP 两个区域的临界线是 g_{cq}，当 $q \neq 0$ 时向 g 方向移动，当 q 从 0 增加到 0.10 时，向左移动得越多.

对相图的影响

考虑了 q 和 g 对平均基态能量的影响，计算了 SP 平均基态能量之间的绝对误差 $\Delta\varepsilon = \varepsilon_q - \varepsilon_0$ 和相对误差 $\Delta\varepsilon/\varepsilon$.

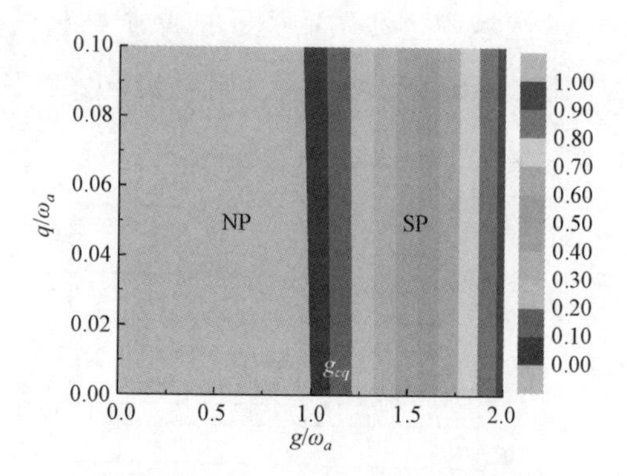

图 3.2.4　$g-q$ 空间中的相图

$$\Delta\varepsilon=\varepsilon_q-\varepsilon_0=-\frac{\omega\omega_a g^2}{4\left(g^2+q\omega\right)^2}+\frac{\omega\omega_a}{4g^2}$$
$$\frac{\Delta\varepsilon}{\varepsilon_0}=\left(-\frac{\omega\omega_a g^2}{4\left(g^2+q\omega\right)^2}+\frac{\omega\omega_a}{4g^2}\right)\Bigg/\left(-\frac{g^2}{4\omega\omega_a}-\frac{\omega\omega_a}{4g^2}\right) \tag{3.2.29}$$

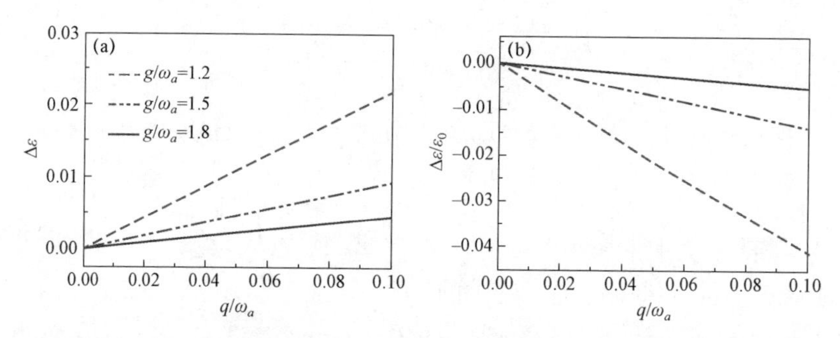

图 3.2.5（a）$\Delta\varepsilon-q/\omega_a$ 相对于 g/ω_a 图（b）$\Delta\varepsilon/\varepsilon-q/\omega_a$ 相对于 g/ω_a 图

图中 q/ω_a 为原子－原子相互作用强度；g/ω_a 为集合原子场耦合强度. 在图 3.2.5 中可以看出 $\Delta\varepsilon$ 随 q/ω_a 的增大而增大，$\Delta\varepsilon/\varepsilon$ 随 q/ω_a 的增大而减小，$g/\omega_a=1.2$ 时，比 $g/\omega_a=1.5,1.8$ 更显著.

3.2.5　量子相变特性

基于平均基态能量方程（3.2.28），它是原子－场耦合常数和原子－原子相互作用强度 q 的函数，给出平均基态能量的第一阶和第二阶偏导数 g

$$\frac{\partial\varepsilon_q}{\partial g}=\begin{cases}0, & g\leqslant g_{cq}\\ -\frac{g}{2}\left(\frac{1}{\omega\omega_a}+\frac{\omega\omega_a(q\omega-g^2)}{(g^2+q\omega)^3}\right), & g>g_{cq}\end{cases} \tag{3.2.30}$$

$$\frac{\partial^2\varepsilon_q}{\partial g^2}=\begin{cases}0, & g\leqslant g_{cq}\\ -\frac{1}{2\omega\omega_a}-\frac{\omega\omega_a(q^2\omega^2-8g^2q\omega+3g^4)}{2(g^2+q\omega)^4}, & g>g_{cq}\end{cases} \tag{3.2.31}$$

如图 3.2.6 和图 3.2.7

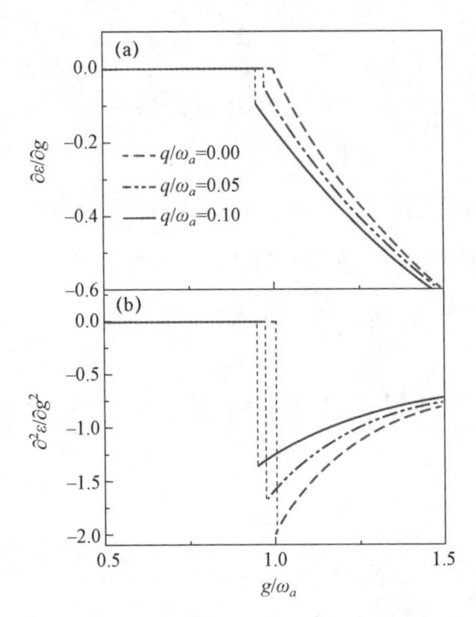

图 3.2.6　$\partial\varepsilon_q/\partial g$ 和 $\partial^2\varepsilon_q/\partial g^2$ 作为参数 g/ω_a 和 q/ω_a 的线图

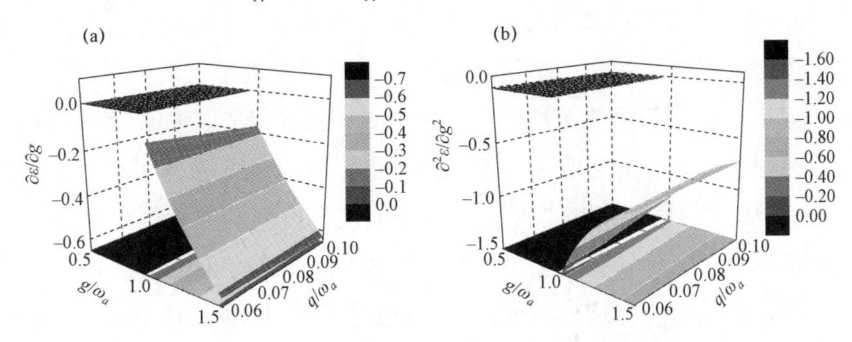

图 3.2.7　（a）为 g/ω_a、q/ω_a 和 $\partial\varepsilon_q/\partial g$ 三维曲线图
（b）为 g/ω_a、q/ω_a 和 $\partial^2\varepsilon_q/\partial g^2$ 的三维曲线图

在不存在原子－原子相互作用的情况下，即 $q=0$ 时，一阶导数在 NP 和 SP 的相界中是一致的，但二阶导数是不连续的. 所以得出这样的结论：标准 DM

在临界相变点 $g_c=1$ 时存在从 NP 到 SP 的二阶 QPT. 当原子–原子相互作用存在时，拓展 DM 属于一阶量子相变，为一阶和二阶导数在临界相变点 g_{cq} 中都是不连续的，该临界相变点 g_{cq} 向左移动.

从图 3.2.7 中可以看出，它们在每个临界相变点处都是不连续的，随着 q 的增加而向左移动. 它们暗示该系统经历从 NP 到 SP 的一阶 QPT 以及专有的原子—原子间作用相变点向较低的原子–光子集体耦合强度移动.

3.2.6 结论

总之，拓展 DM 的一个有趣的预测是它在 NP 和 SP 之间经历了一阶 QPT. 为了检测这个一阶跃迁，绘制了平均光子数，缩放平均原子数量和不同原子–原子相互作用的平均基态能量，并发现 QPT 点向左移动以增加原子–原子相互作用. 通过不连续的一阶和二阶导数，得出原子–原子相互作用引起一阶相变的结论，这与标准 DM 的二阶 QPT 不同.

3.3 激光驱动下光机械腔中 BEC 的基态特性

3.3.1 引言

随着光学微腔和纳米加工技术的发展，目前的实验已经能够制备出极高品质因子的光学微腔和微纳米机械振子，使腔光力学系统能够表现出量子效应. 这些进展使量子腔光力学这个新的研究领域得到了迅速发展. 量子光机械系统可用于冷却微纳米尺度的机械振子到谐振子基态，从而使在制备宏观尺度机械振子的非经典态成为可能. 在应用上，腔光力学系统可用于量子信息处理、超灵敏的测量，以及在宏观及介观尺度上检验量子力学基本原理.

理论研究还表明，腔光力学系统中机械振子部分上存在的二能级杂质和声子模式可以通过应变耦合起来，形成混杂量子系. 如果二能级系统和机械振子的耦合强度大于它们的耗散率，通过相干驱动二能级杂质，可以利用单声子实现腔电动力学类似的实验. 这种单声子水平上的非线性可以用于机械振子非经典态的制备. 在这种混杂系统中，光力腔的主要作用是将机械振子预冷却到基态以及读出声子的非经典特性.

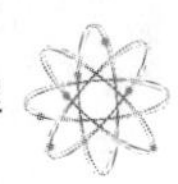

腔光力学系统的基本物理图像是光学微腔的一个腔镜固定在一个微纳米尺度机械振子上，通过辐射压，腔中的光场自由度和移动腔镜的机械运动自由度可以有效的耦合起来. 通过测量纳米振子的动力学也可观察量子相变现象.

研究将玻色爱因斯坦凝聚的集体激发能作为机械振子耦合到腔场的实验研究提供了研究腔光力学系统强耦合区，腔内的超冷原子跟机械振子的耦合代表了混合机械系统的一种新奇类型. 利用自旋相干态变分法也研究了在外部泵浦激光的调控作用下，系统可得到一定的结论.

3.3.2　模型和哈密顿量

如图 3.3.1 所示，将 N 个 $^{87}\mathrm{Rb}$ 超冷原子放在纳米振子超精细腔中，腔镜的一端固定，另一端在线性回复力作用下做受迫振动. 在该系统中超冷原子 $^{87}\mathrm{Rb}$ 可发生跃迁 $(|F=1\rangle)(|1\rangle)\rightarrow(|F=2\rangle)(|2\rangle)$. 而实验中所给出的超精细光学腔中超冷原子与腔场之间的最大耦合强度为 $g=\lambda\sqrt{N}$ ，因此集体耦合强度远大于腔场衰减率和原子偶极衰减率. 因此可以得到该系统的哈密顿量

$$H=\Delta_c a^\dagger a+\Delta_a J_z+\frac{g}{\sqrt{N}}(a^\dagger J_-+aJ_+)+\omega_b b^\dagger b-\frac{\zeta}{\sqrt{N}}(b^\dagger+b)\,a^\dagger a \tag{3.3.1}$$

该系统为该三重混合系统在两模近似下的哈密顿量，其中 $a^\dagger$ 和 a 分别为光子的产生和湮灭算符，$\Delta_c=\omega_c-\omega_p$ 为有效的腔频场，ω_c 是腔场频率，ω_p 是外泵浦光的频率. $\Delta_a=\omega_a-\omega_p$ 是有效的原子频率，ω_a 为原子共振频率. $b^\dagger$ 和 b 分别为纳米振子声子模的产生和湮灭算符，ω_b 为声子频率；非线性的光子和声子的相互作用定义为 $\zeta=\sqrt{N}\omega_a\Delta x/l_0$，其中 l_0 是腔长，$\Delta x=1/\sqrt{2M\omega_b}$ 为零点不确度，M 为纳米机械振子的质量. $J_\pm,J_z$ 为集体自旋算符.

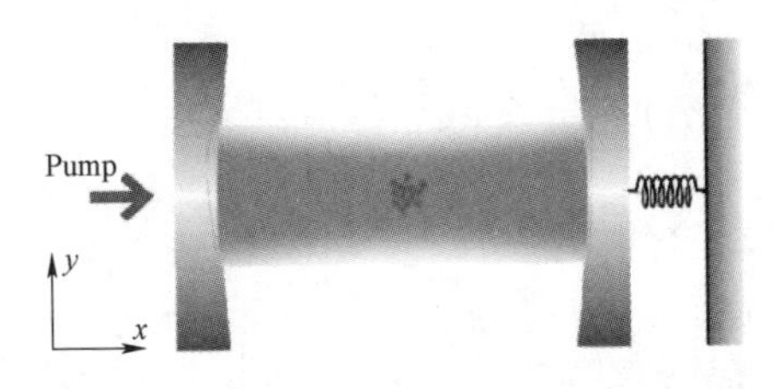

图 3.3.1　由于外部泵浦激光作用，玻色－爱因斯坦凝聚体与高精细光学机械腔产生相互作用. 泵浦激光可以调节光子和超冷原子的频率，但是不影响声子的频率

当不考虑光子和声子的相互作用即 $\zeta=0$ 时，哈密顿量（3.3.1）返回到（2.7.8）式的 Dicke 模型

$$H_D=\Delta_c a^{\dagger}a+\Delta_a J_z+\frac{g}{\sqrt{N}}(a^{\dagger}J_-+aJ_+) \tag{3.3.2}$$

已有实验验证了 Dicke 模型展示的从正常相到超辐射相的二级相变，这种相变也可以通过图 3.3.1 所示的通过测量纳米机械振动的动力学来观察. 在正常相中，声子的平均数目与时间无关，在超辐射相中容易发生周期性演化，揭示了引入泵浦光和驱动光使得 Δ_c 和 Δ_a 可调，声子可以通过辐射压调节，这些因素可以得到丰富的零温度时系统的基态相图.

3.3.3 考虑旋波近似时 Dicke 模型的解

自旋相干态法提供了宏观量子态的分析方法，可以同时考虑正常态和反转态. 对于多体稳定态也是必需的. 在动力学研究中，反转自旋态首次被证明揭示了非平衡量子相变中的多体稳定态. 在本节中，基于自旋相干态变分法，研究了在外部泵浦激光驱动下，光力学腔中 BEC 的多体稳定性，当光子与声子耦合强度较大时，超辐射相可以被抑制，并且可以有两个原子能级间的布居数反转，以及丰富的基态相图.

从哈密顿量的局部平均 $\bar{H}=\langle u|H|u\rangle$ 这里 $|u\rangle=|\alpha\rangle\otimes|\beta\rangle$ 为试探波函数，它是腔场（光子）和机械振子（声子）玻色相干态的直积，且满足 $a|\alpha\rangle=\alpha|\alpha\rangle$，$b|\beta\rangle=\beta|\beta\rangle$. 局部平均变为只有赝自旋算符的有效哈密顿量

$$\bar{H}(\alpha,\beta)=\left(\Delta_c-\frac{2\zeta\rho\cos\xi}{\sqrt{N}}\right)\gamma^2+\omega_b\rho^2+H_{sp} \tag{3.3.3}$$

有效的自旋算符可以表示为

$$H_{sp}(\gamma,\eta)=\Delta_a S_z+\frac{g\gamma}{\sqrt{N}}(e^{-i\eta}S_-+e^{i\eta}S_+) \tag{3.3.4}$$

假设玻色算符的湮灭算符的本征值是复数形式，$\alpha=\gamma e^{i\eta}$ 和 $\beta=\rho e^{i\xi}$. 自旋算符 $H_{sp}(\gamma,\eta)$ 和总的有效哈密顿量可通过自旋相干态方法可直接对角化. 通过变分条件可决定四个实参量 γ,η,ρ,ξ 的值，从而可以获得分析稳定态的基态能量的解析式.

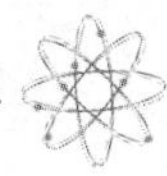

不同于 H－P 变分法将赝自旋算符变成单模玻色算符. 从有效自旋算符的两个相干本征态

$$H_{sp}(\gamma,\eta)\left|\mp n\right\rangle = E_{sp}^{\mp}(\gamma,\eta)\left|\mp n\right\rangle \tag{3.3.5}$$

这里
$$\tilde{H}_{sp}=R^{\dagger}H_{sp}(\gamma,\eta)R = AJ_z + BJ_+ + CJ_-$$

$$\begin{cases} A = \Delta_a \cos\theta - \dfrac{g\gamma}{\sqrt{N}}\sin\theta(e^{-i(\eta+\varphi)} + e^{i(\eta+\varphi)}) \\ B = e^{-i\varphi}\left(-\dfrac{\Delta_a \sin\theta}{2} - \dfrac{g\gamma e^{-i(\eta+\varphi)}}{\sqrt{N}}\sin^2\dfrac{\theta}{2} + \dfrac{g\gamma e^{i(\eta+\varphi)}}{\sqrt{N}}\cos^2\dfrac{\theta}{2}\right) \\ C = e^{i\varphi}\left(-\dfrac{\Delta_a \sin\theta}{2} + \dfrac{g\gamma e^{-i(\eta+\varphi)}}{\sqrt{N}}\cos^2\dfrac{\theta}{2} - \dfrac{g\gamma e^{i(\eta+\varphi)}}{\sqrt{N}}\sin^2\dfrac{\theta}{2}\right) \end{cases} \tag{3.3.6}$$

对角化要求（3.3.6）式中

$$B(\gamma,\eta,\xi) = C(\gamma,\eta,\xi) = 0 \tag{3.3.7}$$

有效哈密顿量变为

$$E_{sp}^{\mp} = \mp\frac{N}{2}A(\gamma,\eta,\xi) \tag{3.3.8}$$

参数η,ξ满足上述条件，进行一系列的计算后，可得

$$A(\gamma) = \Delta_a\sqrt{1+\left(\frac{2g}{\Delta_a\sqrt{N}}\gamma\right)^2}$$

在完整的波函数下基态能量泛函可表示

$$E_{\mp} = \left(\Delta_c - \frac{2\zeta\rho}{\sqrt{N}}\right)\gamma^2 + \omega_b\rho^2 \mp \frac{N}{2}E_{sp}^{\mp} \tag{3.3.9}$$

3.3.4　对基态能量泛函变分并求解

参数γ,ρ由极值方程确定，根据极值条件，对于$\xi>0$，固定孤立的参数$\cos\xi=1$. 宏观多体量子态的解可以通过极值条件得到.

由

$\dfrac{\partial E_{\mp}}{\partial\rho} = -\dfrac{2\zeta}{\sqrt{N}}\gamma^2 + 2\omega_b\rho = 0$，可得

$$\rho = \frac{\zeta\gamma^2}{\omega_b\sqrt{N}} \tag{3.3.10}$$

$$\frac{\partial E_{\mp}}{\partial\gamma} = 2\gamma\left(\Delta_c - \frac{2\zeta^2\overline{\gamma^2}}{\omega_b} \mp \frac{g^2}{A(\overline{\gamma})}\right) = 0 \tag{3.3.11}$$

其中$\overline{\gamma^2} = \dfrac{\gamma^2}{N}$，由（3.3.10）式得

$$\gamma = 0,\quad \rho = 0 \tag{3.3.12}$$

平均光子数为零对应于正常相，平均光子数大于零对应于超辐射相. 是零光子解满足能量泛函的二阶导数大于零

$$\frac{\partial^2 E_{\mp}(\gamma = 0)}{\partial\gamma^2} = \left(\Delta_c \mp \frac{g^2}{\Delta_a}\right) > 0 \tag{3.3.13}$$

二阶导数大于零的零光子态是稳定态，称为正常相，用 N 表示. 显然 N_- 的范围是

$$g_{c-} \leqslant \sqrt{\Delta_c\Delta_a} \tag{3.3.14}$$

而反转的正常相 N_+ 在整个空间都是稳定态.

非零解的光子数满足

$$p_{\mp} = \Delta_c - \frac{2\zeta^2\,\overline{\gamma^2}}{\omega_b} \mp \frac{g^2}{A(\overline{\gamma^2})} = 0 \tag{3.3.15}$$

这是变量 γ^2 的三次方程，方程的解得情况和稳定性都可从图 3.3.2 中看出

根据能量泛函的方程（3.3.9）可得光子数的平均能量为

$$\varepsilon_{\mp} = \frac{E_{\mp}(\overline{\gamma^2})}{N} \tag{3.3.16}$$

平均光子数为

$$n_p^{\mp} = \frac{\langle\Psi_{\mp}|a^{\dagger}a|\Psi_{\mp}\rangle}{N} = \overline{\gamma^2}_{s\mp} \tag{3.3.17}$$

原子布居数分布为

$$\Delta n_a^{\mp} = \frac{\langle\mp n|S_z|\mp n\rangle}{N} = \mp\frac{1}{2\sqrt{1+\left(\dfrac{2g}{\Delta_a\sqrt{N}}\gamma\right)^2}} \tag{3.3.18}$$

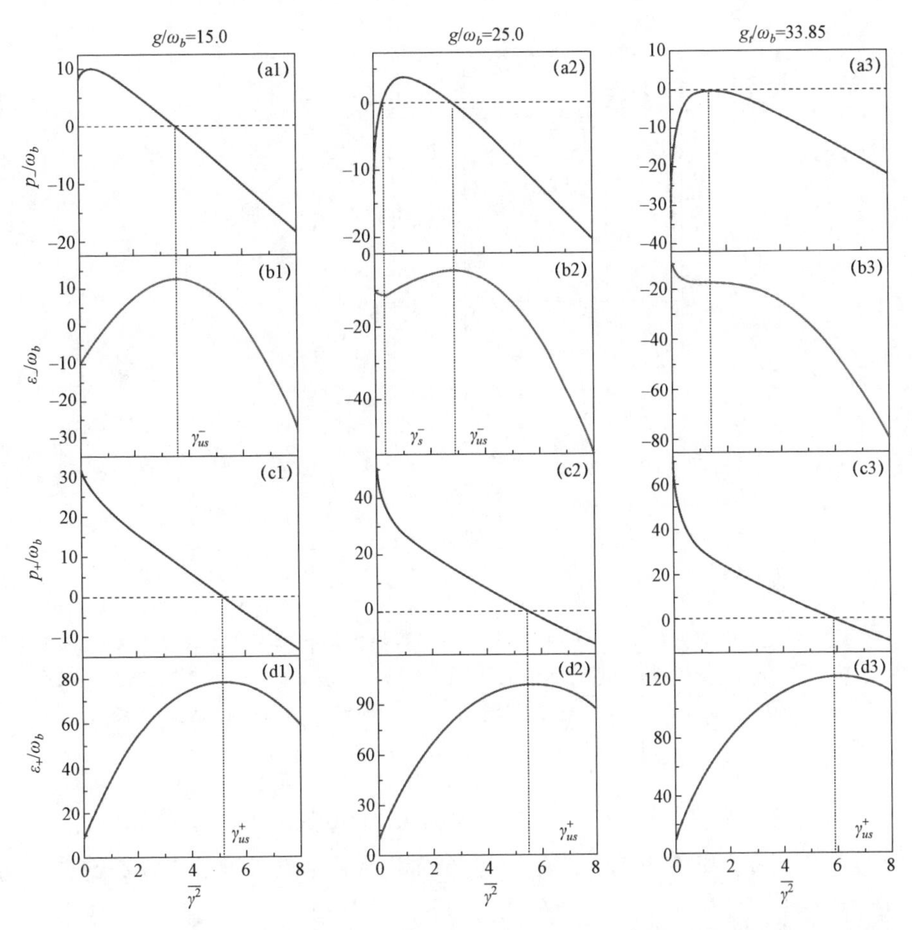

图 3.3.2 （a1—a3） $p_-(\gamma^2)=0$ 和（c1—c3） $p_+(\gamma^2)=0$ 是极值方程随平均光子数的图形解，（b1—b3）和（d1—d3）是相应的能级曲线 ε_- 和 ε_+ . 对应于光子和声子的耦合常数 $\zeta/\omega_b=1.5$ ，对原子和场的耦合系数分别取为（a） $g/\omega_b=15.0$ （b）25.0（c）33.85（转折点）. γ_s^- 对应于正常自旋(⇓)能量最小值的态是稳定态， γ_{us}^- 对应于能量取最大值的态是不稳定的态而反转态(⇑)的平均能量 ε_+ 时只有不稳定的解 γ_{us}^+

由图 3.3.2 可知，光子数的非零解 γ_s^- 对应于最低的能量状态，所以称之为稳定态的解， γ_s^- 存在于 g_{c-} 和 g_t 之间， γ_{us}^- 对应于能量最大值，称为不稳定的解， γ_{us}^- 存在于 0 到 g_t 之间. 同理 γ_{us}^+ 不稳定的解，存在于整个 g 的空间. 随着 g 的增加 γ_s^- 和 γ_{us}^- 逐渐靠近，当 g=33.85 时，对应于能量 ε_- 变成弯曲的点，对应于点称为转折点 g_t

选取参量为

$\Delta_a/\omega_b=\Delta_c/\omega_b=20, g/\omega_b=25.0$ ， ζ 变化. 如图 3.3.3 所示.

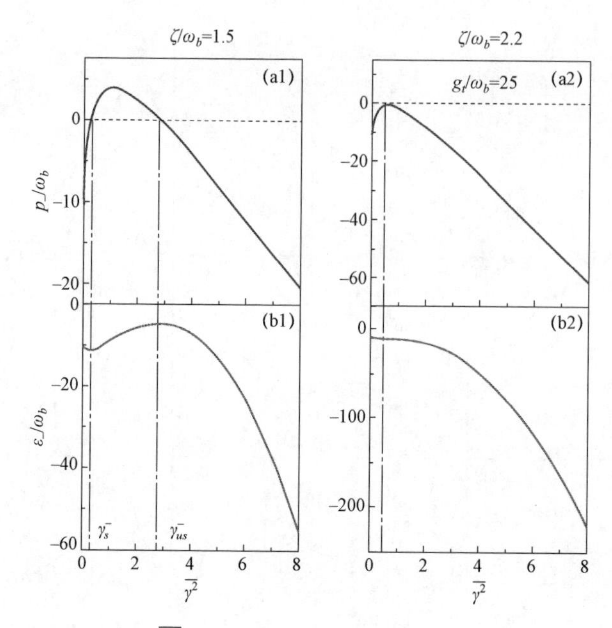

图 3.3.3 （a）极值方程 $p_-(\overline{\gamma^2})=0$ 的非零光子解随光子和声子相互作用参量 ζ 的变化图，和（b）相应的基态能量 ε_-. 曲线图. （1）$\zeta/\omega_b=1.5$（2）2.2. 当原子和场的耦合系数 $g/\omega_b=25$ 时，随着 ζ 的增加，两个解 γ_s^- 和 γ_{us}^- 逐渐靠近，最终完全重合，能量变成了弯曲点对应于转折点

由图 3.3.2 和图 3.3.3 可知，正常相到超辐射相的相变点 g_{c-} 与 $\sqrt{\Delta_c\Delta_a}$ 有关，转折点 g_t 与原子和场的耦合常数 g 和光子和声子的相互作用常数 ζ 的选取的数值有关.

3.3.5 基态特性

每个区域的基态即最低能量状态用相图表示，如图 3.3.4～图 3.3.6 所示.

图 3.3.4 和图 3.3.5 采用共同的参数是图 ζ/ω_b（a）0.（b）1.0（c）2.0（d）3.0. 在相图中灰色代表正常相最低能量的稳定态，用 NP(N_-) 表示；彩色区域 SP 代表稳定的超辐射相，颜色代表光子数的不同，白色区域代表反转的正常相是能量最低的能量，用 NP(N_+) 表示.

从相图 3.3.4 中和图 3.3.5 中可看出，当 ζ=0，回到标准的 Dicke 模型，只有正常相和超辐射相的相变，相变的边界为 g_c. 随着 ζ 的增加，由于机械振子的共振，造成了超辐射的塌缩，出现了相变的转折点 g_t，塌缩的区域反转的正常相 N_+ 变成了基态. 出现了超辐射相 SP 到 N_+ 的相变和正常相 N_- 到 N_+ 的相

变，丰富了相图. 由于外部泵浦激光的调制，可以有 $\Delta_a \sim g$ 相图和 $\Delta_c \sim g$ 相图，丰富了相图的类型.

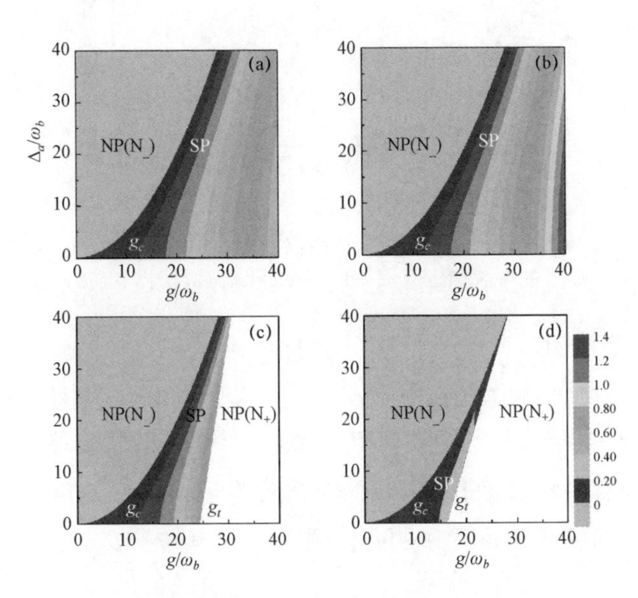

图 3.3.4 （a）～（d）是平均光子数 $\langle a^{\dagger}a \rangle / N$ 随原子和腔场的耦合系数 g 和有效的原子频率 Δ_a 变化的函数. 腔场的有效频率取 $\Delta_c / \omega_b = 20.0$

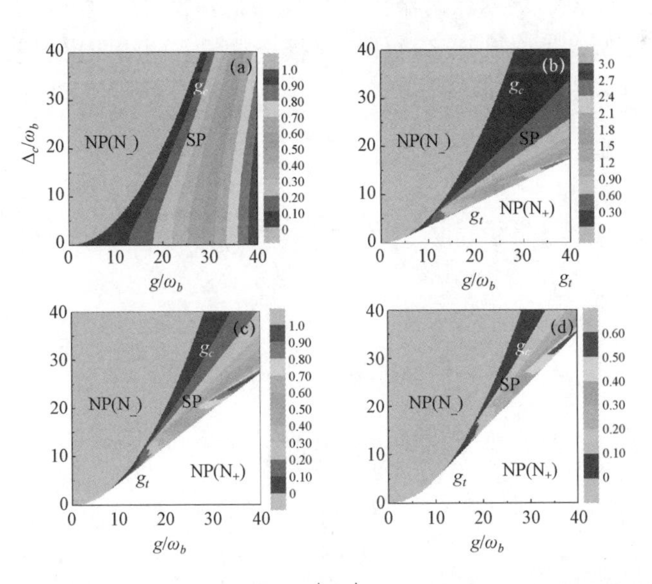

图 3.3.5 （a）～（d）是平均光子数 $\langle a^{\dagger}a \rangle / N$ 随原子和腔场的耦合系数 g 和有效的腔场频率 Δ_c 变化的函数. 取原子的有效频率是 $\Delta_a / \omega_b = 20.0$

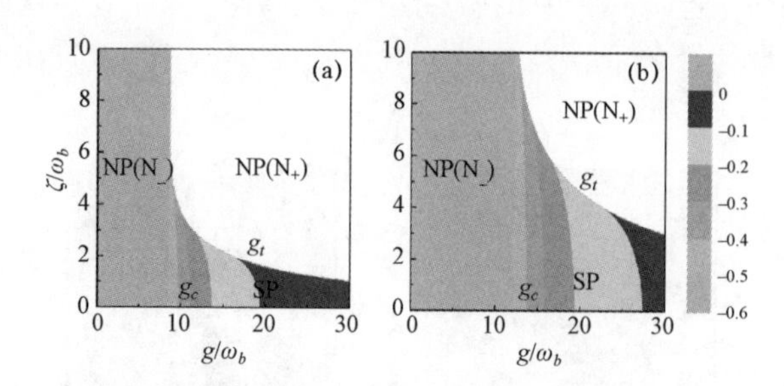

图 3.3.6 布居数 Δn_a 随原子和腔场的耦合系数 g 和光子与声子相互作用参量 ζ 变化的相图. 当有效原子的频率取 $\Delta_a/\omega_b=15.0$（a）$\Delta_c/\omega_b=15.0$（b）$\Delta_c/\omega_b=30.0$

图 3.3.6 表明当只考虑光子和声子的相互作用时，机械振子的作用并没有改变相变点，只是影响了超辐射的区域，类比于图 3.3.4 和图 3.3.5. 当超辐射相完全消失时，原子布居数会在两个正常态 N_- 和 N_+ 直接转移. 转折点 g_t 的移动与多重因素有关，即原子和腔场的耦合系数 g 和光子与声子相互作用参量 ζ，以及有效的腔场 Δ_c 和原子的有效频率 Δ_a 都有联系.

3.3.6 超辐射的塌缩和布居数的反转

由于谐振阻尼，纳米振荡器会引起 SP 的塌缩. 为了了解效应的细节，研究了平均光子数、能量和原子总体相对耦合常数 ζ 的线图来表示.

正常相的光子数为零.

平均能量是

$$\varepsilon_{\mp}(\gamma_n^{\mp}=0)=\mp\frac{\Delta_a}{2} \tag{3.3.19}$$

布居数分布

$$\Delta n_a(\gamma_n^{\mp}=0)=\mp\frac{1}{2} \tag{3.3.20}$$

平均的声子数分布是与光子数的平方成正比

$$n_b=\frac{\langle\beta|b^{\dagger}b|\beta\rangle}{N}=\frac{\zeta^2}{\omega_b^2}n_p^2 \tag{3.3.21}$$

取参量 $\Delta_a/\omega_b=\Delta_c/\omega_b=20, g_{c-}/\omega_b=20.0$，如图 3.3.7 所示.

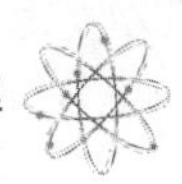

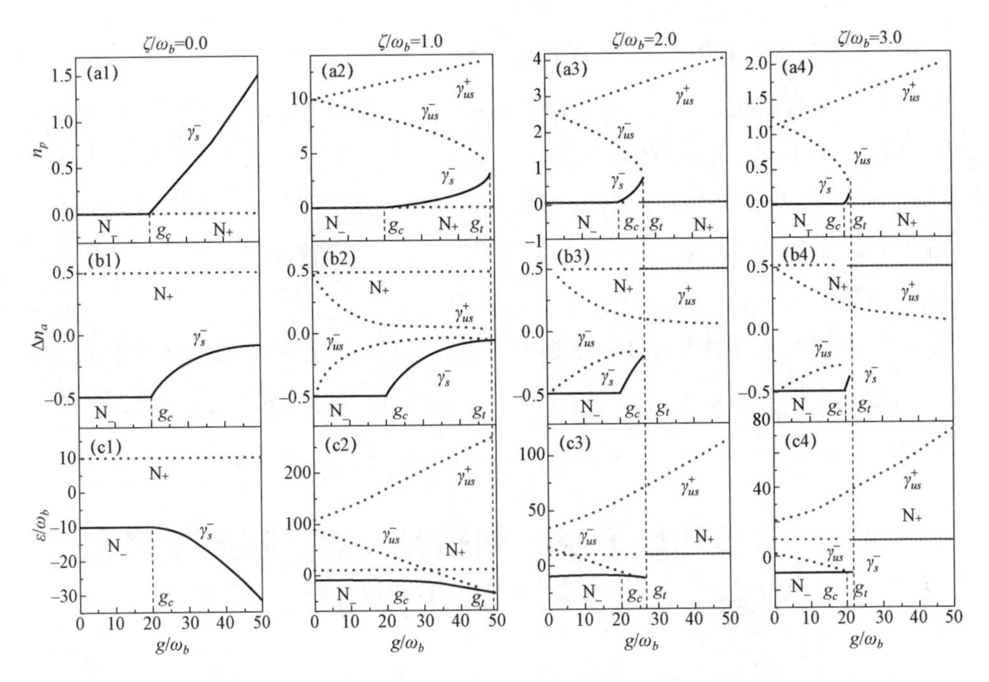

图 3.3.7　平均光子数 n_p（a）原子布居数分布不同 Δn_a（b）平均能量 ε（c）随光子和声子耦合常数 ζ 的变化图.（1）显示了典型的 Dicke 模型（ζ=0）量子相变，g_c 是正常相 NP(N_-) 到超辐射相 SP（γ_s^-）的相变点. 超辐射相 SP 塌缩的转折点是 g_t（2），（3），（4）. 零光子态 N_+ 变成了基态，系统会经历从超辐射相 SP 到 NP(N_+) 的二级量子相变. 在转折点 g_t 处有一支非零的光子态 γ_{us}^- 向上的返回，它是不稳定的. γ_{us}^+ 是反转自旋态的不稳定解在 g 的范围内始终存在

平均光子数作为一个序参量，定义 $n_p>0$ 是 SP 和 n_p=0 对应于 NP. 在图 3.3.7 中展示了与 ζ=0（1）的正常的 Dicke 模型比较，n_p 随不同光子和声子耦合常数 ζ 的关联曲线图，显示了纳米机械振子的诱导作用. 在小于相变点 g_c 有双稳的零光子态 $N_\mp$，N_- 具有最低的能量是基态，而 N_+ 是激发态在图 3.3.7（c）. 相变从 NP(N_-) 到 SP，非零的光子数态 γ_s^- 出现在相变点 g_c，在这个区域从图 3.3.7（c2～c4）可看出由于 N_+ 的能量高于超辐射 γ_s^- 所以还是激发态. 超辐射相的塌缩在转折点 g_t，反转的零光子态 N_+（布居数反转态）在图 3.3.7（3、4）中显示变成了基态，另有在转折点 g_t 有超辐射 SP 到 NP(N_+) 量子相变发生. 由于有纳米机械振子产生了多种的相变发生，这在标准的 Dicke 模型中是不存在的图 3.3.7（1）. 随着光子和声子耦合系数 ζ 的增加，超辐射 SP 区域被抑制，转折点 g_t 也向着 g 减小的方向移动. 当超辐射相完全消失时如图 3.3.4（d），图 3.3.5（b～d）图 3.3.6（a），相变是在零级的序参量 γ=0 从

$NP(N_-)$ 到 $NP(N_+)$ 的移动，但是能级不同，原子数反转. 也可以观察到有趣的现象，二能级原子布居数的反转. 因为原子布居数反转在激光物理中有很重要的作用，控制布居数反转有一定的技术应用. 在 g_t 有一支向上的返回的非零光子数 γ_{us}^-，所以对于一个 g 有两个态，这类比于光学双稳态，但是在设想的系统中，这个态 γ_{us}^- 是不稳定的. 不稳定的反转态 γ_{us}^+ 有较高的光子数，布居数，基态能量值.

用自相相干态法与用 HP 变换的方法比较，计算过程比较简单，图形法显示稳定与不稳定态更加容易理解，得出的正常相 NP 和超辐射相 SP 的范围是一致的.

3.4 自旋和轨道耦合的玻色 – 爱因斯坦凝聚态中类 Dicke 模型的相变和基态性质

3.4.1 引言

自旋和轨道耦合是量子粒子的自旋和它的动量的一种相互作用，在物理系统中是普遍存在的. 在玻色 – 爱因斯坦凝聚态系统中，实验可以精确地控制超冷原子来研究自旋和轨道耦合相互作用量子多体系统. 提出了在玻色 – 爱因斯坦凝聚态中用中性原子通过控制外场激光场来实现不同类型的自旋轨道耦合. NIST 的 I.B.Spellman 小组通过一对耦合的激光在超冷 ^{87}Rb 原子实现了 Rashba 和 Dresselhaus 自旋轨道耦合. 在玻色 – 爱因斯坦凝聚态中，所有的原子都占据同一个量子态，因此基态性质具有特殊性，许多不曾发现过的多体现象有可能发生. 例如，在上述自旋和轨道耦合下，玻色 – 爱因斯坦凝聚态通过调节由两组不同动量的非正交原子缀饰自旋态之间的相互作用，可以实现从自旋相分离态（简写为 SP）到单个最小值相（简写为 SMP）之间的量子相变. 潘建伟小组在 2012 年通过测量自旋和动量振荡的振幅比从实验上观察到了理论所预测的量子相变.

在本节中，首先，根据实验，获得类似于 Dicke 模型的哈密顿量. 通过改变拉曼耦合强度，系统可以从一个自旋极化相，发生了非零准动量 SP，与零准动量自旋平衡相 SMP 的量子相变，类似于在 Dicke 模型中从超辐射过渡到

正常相的量子相变. 利用平均场自旋相干态法，计算相变点，每个物理量在基态时的解析表达式，并研究物理量的变化趋势.

3.4.2　冷原子系统中的自旋轨道模型

图 3.4.1 是超冷 ^{87}Rb 原子被囚禁在 xy 平面中，ω_z 是强囚禁势在 z 方向的频率，一对 Raman 入射的激光和 x 轴成 $\pi/4$ 角，其拉比（Raman）频率分别是 Ω_1 和 Ω_2．在拉比激光的作用下，两个超精细基态 $|F=1,m_F=-1\rangle(|\uparrow\rangle)$ 和 $|F=1,m_F=0\rangle(|\downarrow\rangle)$ 之间就会形成对动量敏感的耦合作用．在缀饰态基矢 $|\bar{\uparrow}\rangle=\exp(i\vec{k}_1\cdot\vec{r})|\uparrow\rangle$ 和 $|\bar{\downarrow}\rangle=\exp(i\vec{k}_2\cdot\vec{r})|\downarrow\rangle$ 下（其中 $\vec{k}_1$ 和 $\vec{k}_2$ 分别为两束拉比激光的波矢），可以构建相当于凝聚态物理中一维 Rashba 和 Dresselhaus 自旋轨道耦合的耦合项，即有效自旋轨道耦合项. 相关的非线性 Gross-Pitsevskii 动力学方程（GP 方程）是

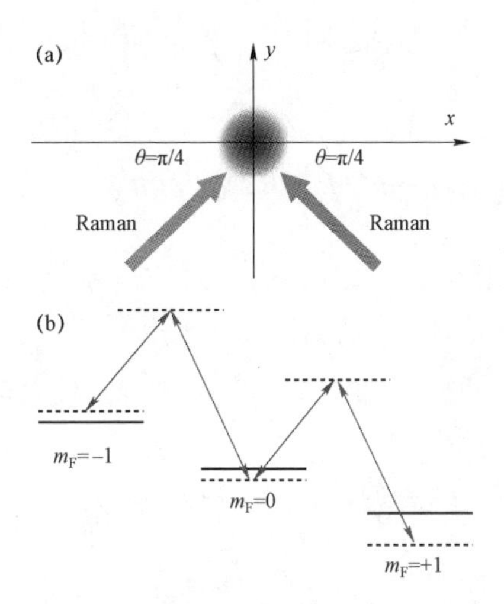

图 3.4.1（a）实验的原理图（b）冷原子的能级图

$$i\hbar\frac{\partial\psi}{\partial t}=\left[\frac{p^2}{2m}+V(\bar{r})+H_{SOC}+H_{INT}\right]\psi \qquad (3.4.1)$$

在方程中（3.4.1），$\psi=(\psi_\uparrow,\ \psi_\downarrow)^T$ 表示在缀饰态表象中的一对正交波函数. $V(\bar{r})=\frac{1}{2}m(\omega_x^2x^2+\omega_y^2y^2)$ 代表谐振子囚禁原子的势能项，m 是原子的质量，ω_x,ω_y 分别是 x 和 y 方向的囚禁频率. 其自旋轨道耦合项写成

$$H_{SOC} = 2\gamma_0 p_x \sigma_z + \hbar \Omega \boldsymbol{\sigma}_x \tag{3.4.2}$$

其中 $\gamma_0 = \hbar k_L / m = \sqrt{2}\pi\hbar / (m\lambda)$ 是自旋轨道耦合强度，λ 为激光的波长，有效的拉比频率 $\Omega = \Omega_1 \Omega_2 / \Delta$， $\boldsymbol{\sigma}_{x(z)}$ 是泡利矩阵. 原子相互碰撞的平均作用为

$$H_{\mathrm{INT}} = \begin{bmatrix} g_{\uparrow\uparrow}|\psi_\uparrow|^2 + g_{\uparrow\downarrow}|\psi_\downarrow|^2 & 0 \\ 0 & g_{\uparrow\downarrow}|\psi_\uparrow|^2 + g_{\downarrow\downarrow}|\psi_\downarrow|^2 \end{bmatrix} \tag{3.4.3}$$

其中相同和不同自旋之间相互作用常数分别为 $g_{\uparrow\uparrow} = g_{\uparrow\downarrow} = 4\pi\hbar^2 N(c_0 + c_2) / (ma_z)$ 和 $g_{\downarrow\downarrow} = 4\pi\hbar^2 N c_0 / (ma_z)$，$c_0$ 和 c_2 为 s 波散射长度，$a_z = \sqrt{2\pi\hbar / (m\omega_z)}$，$N$ 是原子数.

所有的超冷原子在强非线性碰撞相互作用下都被限制在相同的基态上，且每个原子具有完全相同的动量. 引入 $p_x = i\sqrt{(m\omega_x \hbar / 2)}(a^\dagger - a)$ 玻色算符，不考虑超冷原子与 y 方向的玻色子模之间的相互作用，通过简单计算，可以获得类似于单模 Dicke 类型的描述玻色–爱因斯坦凝聚态中自旋和轨道耦合的有效哈密顿量

$$H = \hbar\omega_x N a^\dagger a + \hbar\Omega J_x + \sqrt{2}\gamma_0 \sqrt{m\hbar} i\,(a^\dagger - a) J_z + \frac{\hbar q}{N} J_z^2 \tag{3.4.4}$$

其中，$a^\dagger a$ 是谐振子模，$J_x = (\psi_\uparrow^\dagger \psi_\downarrow + \psi_\downarrow^\dagger \psi_\uparrow)$ 和 $J_z = (\psi_\uparrow^\dagger \psi_\uparrow - \psi_\downarrow^\dagger \psi_\downarrow)$ 是集体自旋算符. $\psi_\uparrow$ 和 $\psi_\downarrow$ 是自旋组分中不同的场算符，$q = (g_{\uparrow\uparrow} + g_{\downarrow\downarrow} - 2g_{\uparrow\downarrow}) / 4\hbar$ 是原子间的有效相互作用，很明显，哈密顿量（3.4.4）中的 $\langle J_z \rangle$ 代表自旋不同组分间的原子布居数，在实验中可测得.

该系统的性质可以用单模 Dicke 类型哈密顿量来描述，取自然单位 $\hbar = 1$，

$$H = \omega a^\dagger a + \Omega J_x + \frac{\gamma\sqrt{\omega}}{\sqrt{N}} i\,(a^\dagger - a) J_z + \frac{q}{N} J_z^2 \tag{3.4.5}$$

其中，$\omega = N\omega_x$ 为与原子数相关的囚禁频率，$\gamma = \sqrt{2m}\gamma_0$ 是有效的自旋轨道耦合强度.

在当前的实验条件下，囚禁频率 ω_x 在 NIST 实验中可调为 10 Hz 的数量级，当原子数为 $N = 1.8 \times 10^5$，囚禁频率 ω 的数量级可调为 MHz，拉比激光的波长 $\lambda = 804.1\ \mathrm{nm}$，所以，参量 γ^2 为 kHz 的数量级. 有效的拉比频率 Ω 的可调范围可从 0 到 MHz 量级. 另外，由于 $c_0 = 100.86a_B$，$c_2 = -0.46a_B$（a_B 为玻尔半径），

所以 $g_{\uparrow\uparrow}=g_{\downarrow\downarrow}=g_{\uparrow\downarrow}$，在这种情况下有效原子相互作用 $q=0$. 因此在 NIST 的实验中原子间有效相互作用 q 不影响系统的能级结构. 但在 Feshbach 共振时，可通过调节有效原子相互作用的强度在 Feshbach 共振点附近，其大小甚至可达 MHz 的量级. 本节讨论在 Feshbach 共振情况下，讨论原子之间的相互作用，对相变和物理量的影响. 为方便起见，以 $E_L=k_L^2/2\ \mathrm{m}$ 作为能量的自然单位，其数量级为 kHz.

3.4.3　类似于 Dicke 模型的量子相变

用平均场理论来求相变的关键点，假设基态波函数为

$$|\phi\rangle=|\theta\rangle\otimes|\alpha\rangle \tag{3.4.6}$$

这里定义相干态 $a|\alpha\rangle=\alpha|\alpha\rangle$，自旋相干态定义为

$$|\theta\rangle=e^{i\theta J_y}|j,-j\rangle \tag{3.4.7}$$

对于自旋为 1/2 的原子 $j=N/2$ 和 $\theta\in[0,2\pi]$

对于原子的平均值

$$\langle\varphi|J_x|\varphi\rangle=j\sin\theta,\ \langle\varphi|J_z|\varphi\rangle=-j\cos\theta,\ \ \langle\varphi|J_z^2|\varphi\rangle=j^2\cos^2\theta, \tag{3.4.8}$$

方程（3.4.5）的哈密顿量的基态能量

$$E(\theta,\alpha)=\langle\phi|H|\phi\rangle=\omega(u^2+v^2)+\frac{\Omega N}{2}\sin\theta-\sqrt{N}v\gamma\sqrt{\omega}\cos\theta+\frac{qN}{4}\cos^2\theta \tag{3.4.9}$$

u 和 v 分别是 α 的实部和虚部. 对应于 $E(\theta,\alpha)$ 的最小值，分别对 u 和 v 求偏微分，并令其为零，可得

$$\frac{\partial E(\theta,\alpha)}{\partial u}=2\omega u=0\text{，}\ u=0\,. \tag{3.4.10}$$

$$\frac{\partial E(\theta,\alpha)}{\partial v}=2\omega v-\sqrt{N}\gamma\sqrt{\omega}\cos\theta=0\text{，}\ v=\frac{\sqrt{N}\gamma\cos\theta}{2\sqrt{\omega}} \tag{3.4.11}$$

将式（3.4.10）和式（3.4.11）代入式（3.4.9）得，每个原子的平均基态能量变为

$$\frac{E(\theta)}{N}=-\frac{\gamma^2\cos^2\theta}{4}+\frac{\Omega\sin\theta}{2}+\frac{q\cos^2\theta}{4} \tag{3.4.12}$$

对于 $E(\theta)$ 最小值有

$$\frac{\partial E(\theta)}{N\partial\theta}=-\frac{\cos\theta}{2}[(\gamma^2-q)\sin\theta+\Omega]=0 \tag{3.4.13}$$

可得

$$\cos\theta=0\,, \tag{3.4.14}$$

$$\sin\theta=-\frac{\Omega}{\gamma^2-q} \tag{3.4.15}$$

定义 $\Omega_c=\gamma^2-q$ 可得两个不同的区域.

（1） $\Omega>\Omega_c$，平均场能量只有一个最小值，属于单个最小值相 SMP 区域.

$$\cos\theta=0\,,\quad \sin\theta=-1, \tag{3.4.16}$$

这时，光子数 $n_p=v^2=0$.

对（3.4.13）式再次求导

$$\frac{\partial^2 E(\theta)}{N\partial\theta^2}=\frac{1}{2}\Omega_c\cos 2\theta-\frac{1}{2}\Omega\sin\theta, \tag{3.4.17}$$

并将（3.4.16）代入并且 $\cos 2\theta=2\cos^2\theta-1=-1$, 代入得

$$\frac{\partial^2 E(\theta)}{N\partial\theta^2}=\frac{\Omega-\Omega_c}{2} \tag{3.4.18}$$

$\Omega>\Omega_c$ $\frac{\partial^2 E}{N\partial\theta^2}>0$, SMP 态是稳定态与 Dicke 模型中的自旋平衡正常相对应.

（2） $\Omega<\Omega_c$, 能量最小值对应于式（3.4.15），对应的有两个可能带入取得，对应于自旋相分离态 SP 范围.

$$\cos\theta=\pm\sqrt{1-\left(\frac{\Omega}{\Omega_c}\right)^2} \tag{3.4.19}$$

对应于凝聚态会有两个最小值.

对（3.4.13）再次求导，并将（3.4.19）代入得：

$$\frac{\partial^2 E(\theta)}{N\partial\theta^2}=\frac{1}{2}\Omega_c\cos 2\theta-\frac{1}{2}\Omega\sin\theta=\frac{\Omega_c-\Omega}{2\Omega_c} \tag{3.4.20}$$

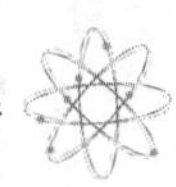

显然 $\Omega < \Omega_c$, $\frac{\partial^2 E(\theta)}{N\partial\theta^2} > 0$, SP 态属于稳定态与 Dicke 模型中的超辐射相相对应.

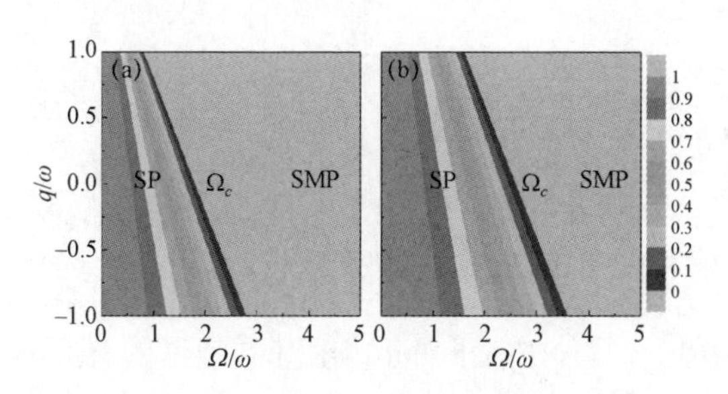

图 3.4.2　相图作为有效的 Rabi 频率 Ω 和有效原子相互作用 q 函数

在图 3.4.2 中当有效的自旋轨道耦合强度（a）$\gamma^2 = 1.8E_L$（b）$\gamma^2 = 2.6E_L$ 是定值时，相变点是一条直线，超辐射相的区域与原子间相互作用力有关，当原子间的相互作用力是排斥力时，即 $q > 0$ 时，区域将减少，当原子间的相互作用力是吸引力即 $q < 0$, 超辐射的区域增加，并随着有效的自旋轨道耦合强度 γ^2 的增大，如图（b）相变点向右移.

3.4.4　类 Dicke 模型的基态性质

3.4.4.1　基态能量的二阶导数和每个原子的平均基态能量

每个原子的平均基态能量的二阶导数的分布为

$$er = \frac{\partial^2 E}{N\partial\theta^2} = \begin{cases} \frac{1}{2}\left(1 - \frac{\Omega}{\Omega_c}\right), & \Omega < \Omega_c \\ \frac{\Omega - \Omega_c}{2}, & \Omega > \Omega_c \end{cases} \tag{3.4.21}$$

每个原子的平均基态能量分布为

$$\varepsilon = \frac{E}{N} = \begin{cases} -\frac{\Omega_c}{4} - \frac{\Omega^2}{4\Omega_c}, & \Omega < \Omega_c \\ -\frac{1}{2}\Omega, & \Omega > \Omega_c \end{cases} \tag{3.4.22}$$

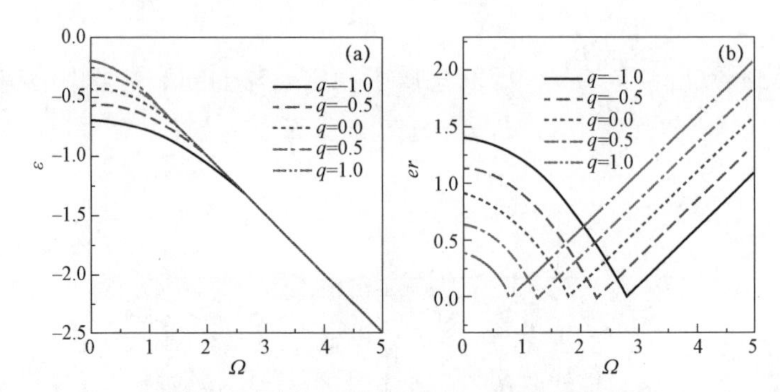

图 3.4.3 （a）每个原子的基态能量ε（b）基态能量泛函的二次偏导作为有效的 Rabi 频率 Ω 和有效原子相互作用参量 q 的函数

在图 3.4.3 中取 $\gamma^2=1.8E_L$（a）可看出基态能量的分布随着有效的 Rabi 频率 Ω 的增加而增加. 基态能量随着有效的原子之间的相互作用 q 的增大而增大. 当 $q>0$ 时基态能量较高，当 $q<0$，基态能量较低，在有效的 Rabi 频率 Ω 较大时基态能量不受影响. （b）基态能量的泛函的二阶导数在两个区域内都是大于零，说明在这两个区域都是稳定态.

3.4.4.2 两个方向的自旋极化为

$$\frac{\langle J_x\rangle}{N}=\begin{cases}-\dfrac{\Omega}{2\Omega_c}, & \Omega<\Omega_c\\ -\dfrac{1}{2}, & \Omega>\Omega_c\end{cases} \tag{3.4.23}$$

$$\frac{\langle J_z\rangle}{N}=\begin{cases}\pm\dfrac{1}{2}\sqrt{1-\left(\dfrac{\Omega}{\Omega_c}\right)^2}, & \Omega<\Omega_c\\ 0, & \Omega>\Omega_c\end{cases} \tag{3.4.24}$$

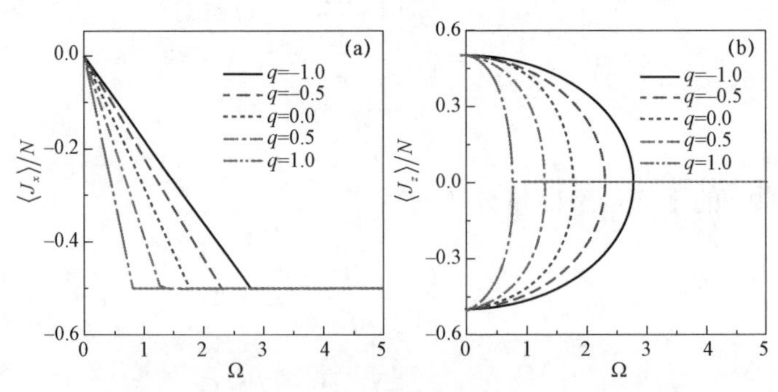

图 3.4.4 （a）$\langle J_x\rangle/N$ 和（b）$\langle J_z\rangle/N$ 作为有效的 Rabi 频率 Ω 和有效原子相互作用 q 的函数

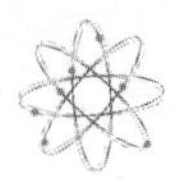

在图 3.4.4 中取 $\gamma^2 = 2.6E_L$（a）中 $\langle J_x \rangle / N$ 随 Ω 的变化，并且随着 γ^2 的增大，相变点向右移，特别是在（b）中 $\langle J_z \rangle / N$ 有两个可能值，对应于凝聚态中的两个最小值.

3.4.5　总结

总之，将凝聚态中的自旋和轨道相互作用中的量子相变和标准的 Dicke 模型中的量子相变相类比，得出了一维自旋和轨道相互作用，特别是考虑原子之间的相互作用时，用平均场理论可得出类似于标准 Dicke 模型的量子相变点，光子数分布，基态能量分布和自旋极化的分布情况，并用图表示出来，这种方法非常简洁明了，这与参考文献是一致的. 当然还有待于考虑失谐的情况.

3.5　场的电效应和磁效应诱导的量子相变

3.5.1　引言

在零温下，对于 N 个粒子组成的量子多体系统其量子涨落显得尤为重要. 若改变该系统的某一系统参数，如粒子间耦合强度、外加磁场强度等，可以使系统从一种无序的状态连续地变化到另一种有序状态，这种由量子涨落驱动的相变被称为量子相变，简记作 QPT. 因受海森堡不确定关系的约束，量子相变和量子纠缠、几何相位、量子混沌等有着深刻的联系，同时对超高灵敏进行的精确测量有重要的影响. 因此，研究量子相变是凝聚态物理、量子光学、量子信息中的一个重要内容. Dicke 模型描述的是 N 个全同的二能级原子的整体与单模量子化电磁场之间的相互作用，在偶极近似和长波近似下，可以表示为取 $\hbar = 1$ 自然单位：

$$H = \omega a^\dagger a + \omega_a J_z + \frac{g}{2\sqrt{N}}(J_+ + J_-)(a^\dagger + a) \tag{3.5.1}$$

其中，J_z、J_+、J_- 满足 SU(2) 角动量对易关系 $[J_+, J_-] = 2J_z$，$[J_z, J_\pm] = \pm J_\pm$，N 代表原子的个数，g 代表原子与场之间的耦合强度. 玻色算符 a 和 $a^\dagger$ 是场的产生和湮灭算符且满足 $[a, a^\dagger] = 1$. Dicke 模型揭示了基态从无激发的正常相（光

子数为 0）经相变点 $g_c=\sqrt{\omega\omega_a}$ 到对称破缺的超辐射相（光子数大于 0）的二阶量子相变. 在超辐射相区，场和原子集体都具有了宏观占据. 尽管 Dicke 模型的形式简单，但其包含了深刻的物理，并得到了人们广泛的理论研究. 2010 年，在外部泵浦激光的协作下，研究者首次在光腔中观察到了玻色－爱因斯坦凝聚的量子相变. 基于 SCS 变分法，首先将玻色子算符取平均场近似后得到一个等效赝自旋哈密顿算符，然后利用自旋相干态变换将其对角化，最后将求得的能量泛函对其经典场变量（复参数）变分并取极小值. 通过二阶导数判断稳定性，从而给出基态能量和波函数的精确解. 该方法也可以用来解决任意原子数的量子多体系统，而 Holstein-Primakoff 变换方法是把赝自旋转化为玻色子算符，用双模玻色场相干态作为变分的基态波函数. 此方法也可用来研究系统的基态特性，但要求在热力学极限下 $N\to\infty$. 近年来，人们逐渐开展研究多光场与多粒子相互作用的多模 Dicke 模型. 相比于 Dicke 模型，它存在着更为丰富的量子相及量子相变. 双模 Dicke 模型的基态特性已被运用 H－P 变换和玻色扩展法进行了研究，并从理论上得到一个新的一级量子相变. 本节将应用 SCS 变分法研究单模光场中的电场效应和磁场效应所引起的新奇的量子相变.

3.5.2 模型和 SCS 变分法

3.5.2.1 模型

基于 Dicke 模型，描述了 N 个二能级系统的原子分别与电磁场中的磁场和电场相互作用，其哈密顿量可以表示为

$$H=\omega a^{\dagger}a+\omega_a J_z+\frac{g_m}{2\sqrt{N}}(J_++J_-)(a^{\dagger}+a)+\frac{g_e}{2\sqrt{N}}(a-a^{\dagger})(J_+-J_-) \quad (3.5.2)$$

其中 ω 二次量子化后场的频率，ω_a 表示二能级原子的能级差，g_e 是电场与原子的相互作用耦合常数，g_m 是磁场与原子之间的相互作用耦合常数. 角动量算符 J_z,J_+,J_- 表示 N 个二能级原子整体的集体算符. 要研究光场的电效应和磁效应对系统基态特性的影响.

3.5.2.2 相干态变分法求基态泛函

自旋相干态变分法被用来研究宏观的多粒子系统. 设变分的基态波函数为场的相干态 $|\alpha\rangle$，即场湮灭算符的本证态，$H_{eff}(\alpha)=\langle\alpha|H|\alpha\rangle$

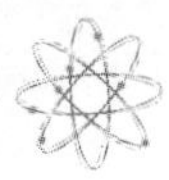

$$H_{eff}(\alpha)\left|\pm n\right\rangle = E_{\pm}\left|\pm n\right\rangle \tag{3.5.3}$$

经由自旋相干态方法可得

$$(\omega|\alpha|^2 + AJ_z + BJ_+ + CJ_-)\left|J,\pm J\right\rangle = E_{\pm}(\alpha,\theta,\varphi)\left|J,\pm J\right\rangle \tag{3.5.4}$$

（3.5.4）式中的系数为

$$\begin{cases} A=\omega_a\cos\theta+\dfrac{g_m(\alpha^*+\alpha)}{2\sqrt{N}}(e^{i\varphi}+e^{-i\varphi})\sin\theta+\dfrac{g_e(\alpha-\alpha^*)}{2\sqrt{N}}(e^{i\varphi}-e^{-i\varphi})\sin\theta \\ B=-\dfrac{\omega_a}{2}\sin\theta e^{-i\varphi}+\dfrac{g_m(\alpha^*+\alpha)}{2\sqrt{N}}\left(\cos^2\dfrac{\theta}{2}-e^{-2i\varphi}\sin^2\dfrac{\theta}{2}\right)+\dfrac{g_e(\alpha-\alpha^*)}{2\sqrt{N}}\left(\cos^2\dfrac{\theta}{2}+e^{-2i\varphi}\sin^2\dfrac{\theta}{2}\right) \\ C=-\dfrac{\omega_a}{2}\sin\theta e^{i\varphi}+\dfrac{g_m(\alpha^*+\alpha)}{2\sqrt{N}}\left(\cos^2\dfrac{\theta}{2}-e^{2i\varphi}\sin^2\dfrac{\theta}{2}\right)-\dfrac{g_e(\alpha-\alpha^*)}{2\sqrt{N}}\left(\cos^2\dfrac{\theta}{2}+e^{2i\varphi}\sin^2\dfrac{\theta}{2}\right) \end{cases} \tag{3.5.5}$$

显然，方程（3.5.4）成立的条件是

$$\begin{cases} B(\alpha,\theta,\varphi)=0 \\ C(\alpha,\theta,\varphi)=0 \end{cases} \tag{3.5.6}$$

当$\alpha=0$时，此时没有光子数，为正常相，用 NP 表示，对应的基态能量为

$$E_{gs}=-\frac{N\omega_a}{2} \tag{3.5.7}$$

当$\alpha\neq 0$，取$\alpha=\gamma e^{i\xi}$并代入（3.5.6）方程化简为

$$\begin{cases} \dfrac{\omega_a}{2}\sin\theta e^{-i\varphi}+\dfrac{g_m\gamma\cos\xi}{\sqrt{N}}\left(\cos^2\dfrac{\theta}{2}-e^{-2i\varphi}\sin^2\dfrac{\theta}{2}\right)+\dfrac{g_e i\sin\xi}{\sqrt{N}}\left(\cos^2\dfrac{\theta}{2}+e^{-2i\varphi}\sin^2\dfrac{\theta}{2}\right)=0 \\ \dfrac{\omega_a}{2}\sin\theta e^{i\varphi}+\dfrac{g_m\gamma\cos\xi}{\sqrt{N}}\left(\cos^2\dfrac{\theta}{2}-e^{2i\varphi}\sin^2\dfrac{\theta}{2}\right)+\dfrac{g_e i\sin\xi}{\sqrt{N}}\left(\cos^2\dfrac{\theta}{2}+e^{2i\varphi}\sin^2\dfrac{\theta}{2}\right)=0 \end{cases} \tag{3.5.8}$$

$$A=\omega_a\cos\theta+\frac{2\gamma}{\sqrt{N}}(g_m\cos\xi\cos\varphi-g_e\sin\xi\sin\varphi)\sin\theta \tag{3.5.9}$$

解（3.5.8）得：

$$\begin{cases} g_m\cos\xi\sin\varphi+g_e\sin\xi\cos\varphi=0 \\ \omega_a\sin\theta+\dfrac{2\gamma}{\sqrt{N}}(g_m\cos\xi\cos\varphi-g_e\sin\xi\sin\varphi)\cos\theta=0 \end{cases} \tag{3.5.10}$$

满足（3.5.10）有三种情况，可得出

$$\omega_a \sin\theta + \begin{cases} \frac{2\gamma_1 g_m}{\sqrt{N}}\cos\theta, g_e = 0, \sin\varphi = 0, \cos\xi = 1, \cos\varphi = -1 \\ \frac{2\gamma_2 g_e}{\sqrt{N}}\cos\theta, g_m = 0, \cos\varphi = 0, \sin\varphi = 1, \sin\xi = 1 \\ \frac{2\gamma_3 g_{em}}{\sqrt{N}}\cos\theta, g_e = g_m, \cos(\varphi+\xi) = 1, \sin(\varphi+\xi) = -1 \end{cases} \tag{3.5.11}$$

引入角度 χ_m, χ_e，并满足一定的关系上式可得

$$= \begin{cases} \sin(\theta+\chi_m) = 0, \cos\chi_m = \frac{1}{\sqrt{1+\frac{4\gamma_1^2 g_m^2}{\omega_a^2 N}}} \\ \sin(\theta+\chi_e) = 0, \cos\chi_e = \frac{1}{\sqrt{1+\frac{4\gamma_2^2 g_e^2}{\omega_a^2 N}}} \\ \sin(\theta+\chi_{em}) = 0, \cos\chi_{em} = \frac{1}{\sqrt{1+\frac{4\gamma_3^2 g_{em}^2}{\omega_a^2 N}}} \end{cases} \tag{3.5.12}$$

将（3.5.11）和（3.5.12）代入（3.5.9）可得

$$A(\gamma_i) = \begin{cases} \omega_a \cos\theta - \frac{2g_m\gamma_1}{\sqrt{N}}\sin\theta = \sqrt{\omega_a^2 + \frac{4g_m^2\gamma_1^2}{N}},\ g_e = 0, \cos(\theta+\chi_m) = 1 \\ \omega_a \cos\theta - \frac{2g_e\gamma_2}{2\sqrt{N}}\sin\theta = \sqrt{\omega_a^2 + \frac{4g_e^2\gamma_2^2}{N}},\ g_m = 0, \cos(\theta+\chi_e) = 1 \\ \omega_a \cos\theta - \frac{2g_{em}\gamma_3}{\sqrt{N}}\sin\theta = \sqrt{\omega_a^2 + \frac{4g_{em}^2\gamma_3^2}{N}},\ g_e = g_m, \cos(\theta+\chi_{em}) = 1 \end{cases}$$

（3.5.13）

（3.5.13）式表明解可分为三种情形讨论：

（1）只存在磁效应 $g_m \neq 0$， $g_e = 0$；

（2）只存在电效应 $g_e \neq 0$， $g_m = 0$；

（3）电磁场共存且 $g_e = g_m$．分别得到系数 A 的表达式

其中

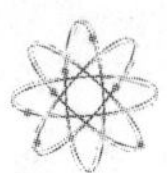

$$\frac{\gamma_i^2}{N}=\frac{\omega_a^2}{4g_j^2}\left(\frac{g_j^4}{\omega^2\omega_a^2}-1\right),(i,j)=(1,e),(2,m),(3,em) \tag{3.5.14}$$

注意 g_{em} 只表示 $g_e=g_m$ 时的值.

通过对能量极小条件的分析，只有 $E_-(\gamma_i)=\omega\gamma_i^2-\frac{N}{2}A(\gamma_i),i=1,2,3$ 是物理解，以 ω_a 为单位，可以得到有效的平均基态能量泛函的表达式，

$$\begin{cases}\varepsilon_e=\dfrac{\omega\gamma_1^2}{\omega_a N}-\dfrac{1}{2}\sqrt{1+\dfrac{4g_m^2\gamma_1^2}{\omega_a^2 N}},g_e=0\\ \varepsilon_m=\dfrac{\omega\gamma_2^2}{\omega_a N}-\dfrac{1}{2}\sqrt{1+\dfrac{4g_e^2\gamma_2^2}{\omega_a^2 N}},g_m=0\\ \varepsilon_{em}=\dfrac{\omega\gamma_3^2}{\omega_a N}-\dfrac{1}{2}\sqrt{1+\dfrac{4g_{em}^2\gamma_3^2}{\omega_a^2 N}},g_e=g_m\end{cases} \tag{3.5.15}$$

通过基态能量泛函分别对变量 $\gamma_1,\gamma_2,\gamma_3$ 求变分，并使其等于零可得相变点

$$g_{ec}=\sqrt{\omega\omega_a},\quad g_{mc}=\sqrt{\omega\omega_a} \tag{3.5.16}$$

再通过求基态能量泛函对参量 $\gamma_i,i=1$、2、3 的二阶导数来判断其稳定性. 二阶导数大于零的区域是稳定的，得到如下区间

$$\begin{cases}\dfrac{\partial^2\varepsilon_m(\gamma_1=0)}{\partial\gamma^2}=\dfrac{2\omega}{\omega_a N}\left(\omega-\dfrac{g_m^2}{\omega_a}\right)>0,g_m\leqslant g_{mc}\\ \dfrac{\partial^2\varepsilon_e(\gamma_2=0)}{\partial\gamma_m^2}=\dfrac{2\omega}{\omega_a N}\left(\omega-\dfrac{g_e^2}{\omega_a}\right)>0,g_e<g_{ec}\\ \dfrac{\partial^2\varepsilon_{em}(\gamma_3=0)}{\partial\gamma_m^2}=\dfrac{2\omega}{\omega_a N}\left(\omega-\dfrac{g_e^2}{\omega_a}\right)>0,g_e\leqslant g_{ec},g_m\leqslant g_{mc}\end{cases} \tag{3.5.17}$$

当 $\frac{\partial^2\varepsilon_m(\gamma_1\neq 0)}{\partial\gamma_1^2}=2\omega\left(1-\frac{\omega^2\omega_a^2}{g_m^4}\right)>0$，显然要求 $g_m>\sqrt{\omega\omega_a}$，其他情况计算类似. 最终，可以得到 (g_m,g_e) 内的相图分布如图 3.5.1 所示.

图 3.5.1 显示出新奇的相图特性，分为如下四部分：

A. 正常相的范围是 $g_m\leqslant g_{mc},g_e\leqslant g_{ec}$，在此区域内，光子数为 0.

B. 磁效应超辐射相的范围为 $g_m>g_{mc},g_m>g_e$，在此区域内，存在一个实的玻色的光场相干态，赝自旋的极化方向在 $J_x(J_++J_-=2J_x)$ 方向上不为 0.

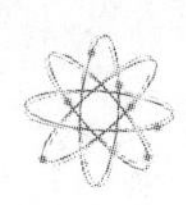

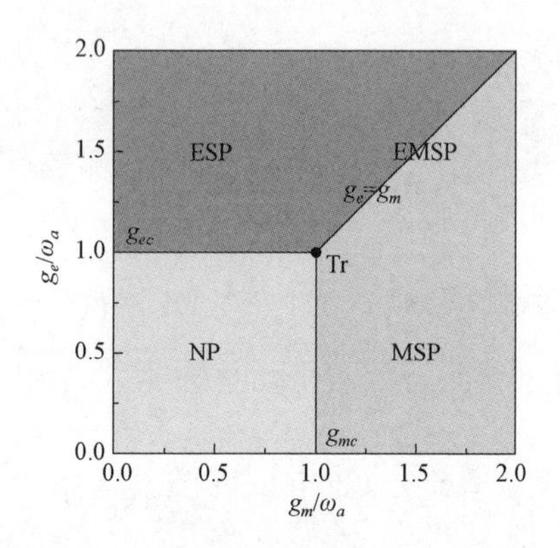

图 3.5.1　$g_m - g_e$ 空间的相图. Tr 点表示三种超辐射相共存点. NP 表示正常相，MSP 表示磁效应超辐射相，ESP 表示电效应超辐射相，EMSP 表示电磁共存超辐射相.

C. 电效应超辐射相的范围为 $g_e > g_{ec}, g_e > g_m$，在此区域内，存在一个虚的玻色相干态，赝自旋的极化方向在 $J_y(J_+ - J_- = 2iJ_y)$ 方向上不为 0.

D. 共存态的范围是 g_m=g_e，此基态拥有复杂的自旋相干态，赝自旋的极化方向有一定的角度. 所以整个区域分为了四部分.

3.5.3　量子相变的特性

将（3.5.14）式和（3.5.16）式代入（3.5.15）式可得每个区域内的平均能量泛函，它们是 (g_m, g_e) 的函数，

$$\varepsilon = \begin{cases} -\dfrac{1}{2}, & g_m \leqslant g_{mc}, g_e \leqslant g_{ec} \\ -\dfrac{g_m^2}{4\omega\omega_a} - \dfrac{\omega_a^2}{4g_m^2}, & g_m > g_{mc}, g_m > g_e \\ -\dfrac{g_e^2}{4\omega\omega_a} - \dfrac{\omega_a^2}{4g_e^2}, & g_e > g_{ec}, g_e > g_m \end{cases} \tag{3.5.18}$$

将基态能量泛函（3.5.18）式对参数 g_m 分别求一阶导数和二阶导数. 基态能量泛函（3.5.18）式对参数 g_e 的一阶导数和二阶导数求解类似.

$$\frac{\partial \varepsilon}{\partial g_m} = \begin{cases} 0, g_m \leqslant g_{mc}, & g_e \leqslant g_{ec} \\ -\dfrac{g_m}{2\omega\omega_a} + \dfrac{\omega_a^2}{2g_m^3}, g_m > g_{mc}, g_m > g_e \\ 0, g_e > g_{ec}, & g_e > g_m \end{cases} \tag{3.5.19}$$

$$\frac{\partial^2 \varepsilon}{\partial g_m^2}=\begin{cases}0, & g_m \leqslant g_{mc}, g_e \leqslant g_{ec} \\ -\dfrac{1}{2\omega\omega_a}-\dfrac{3\omega_a^2}{2g_e^4}, & g_m > g_{mc}, g_m > g_e \\ 0, g_e > g_{ec}, & g_e > g_m\end{cases} \tag{3.5.20}$$

基于（3.5.19，3.5.20）式和基态能量泛函（3.5.18）式对参数 g_e 的一阶导数和二阶导数，判断其稳定性后画出如图 3.5.2 所示的相图.

基态能量泛函对参量的一阶导数在边界不连续，是一级量子相变；一阶导数在边界连续，而二阶导数在边界不连续是二级量子相变. 由于 $\dfrac{\partial \varepsilon}{\partial g_m}$ 在 $g_m = g_{mc}$ 且 $g_m > g_e$ 时连续，而 $\dfrac{\partial^2 \varepsilon}{\partial g_m^2}$ 不连续，所以从图 3.5.2（a1）和（b1）可以看出：水平方向上正常相到电的超辐射相的相变是二级量子相变；同理从图 3.5.2（a2）和（b2）可以看出：在垂直方向上从正常相到磁的超辐射相也属于二级量子相变. 对于（a1）图对角线，$\dfrac{\partial \varepsilon}{\partial g_m}$ 在 $g_e = g_m$ 时不连续，所以量

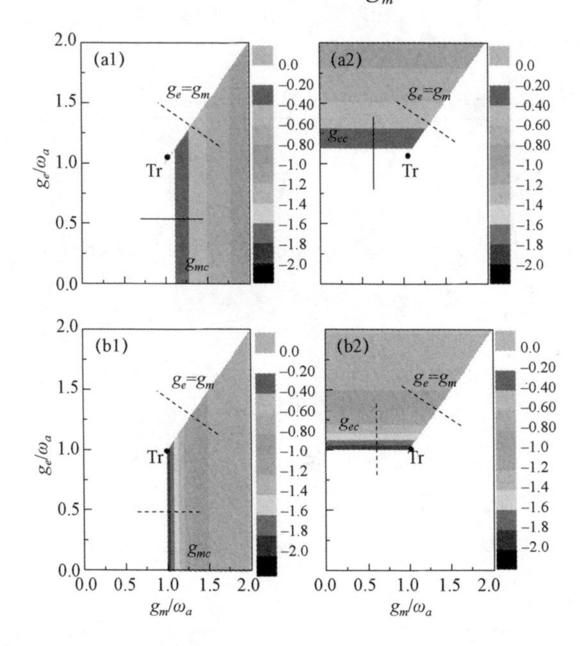

图 3.5.2　白色区域代表正常相即求导数为零的区域（a1）和（a2）代表基态能量对 g_e 和 g_m 的一阶导数；（b1）和（b2）代表基态能量对 g_e 和 g_m 的二阶导数. 边界实线代表连续，虚线代表不连续.（a1）水平和（a2）竖直边界处连续，对角线处不连续.（b1）和（b2）中水平边界、竖直边界和对角线均不连续.

子相变从正常相到电的超辐射相是一级量子相变. 对于（a2）图对角线，$\dfrac{\partial \varepsilon}{\partial g_e}$ 在 $g_e = g_m$ 时不连续，所以量子相变从正常相到磁的超辐射相是一级量子相变.

可见，系统除了拥有标准 Dicke 模型所具有的正常相到超辐射相的二级量子相变，而且还存在新的一级量子相变.

3.5.4 平均光子数和原子布居数分布

平均光子数分布为 $n_p = \dfrac{\langle \alpha | a^{\dagger} a | \alpha \rangle}{N} = \dfrac{\gamma_i^2}{N}$，将式（3.5.14）和式（3.5.16）代入该式可得各区域的光子数分布. 正常相区域平均光子数为零，超辐射区域的平均光子数分布为

$$n_p = \begin{cases} n_{pm} = \dfrac{\omega_a^2}{4g_m^2}\left(\dfrac{g_m^4}{\omega^2\omega_a^2} - 1\right), g_m > g_{mc}, g_m > g_e \\ n_{pe} = \dfrac{\omega_a^2}{4g_e^2}\left(\dfrac{g_e^4}{\omega^2\omega_a^2} - 1\right), g_e > g_{ec}, g_e > g_m \end{cases} \tag{3.5.21}$$

原子布居数分布为

$$\Delta n_a = \frac{\langle -n | J_z | -n \rangle}{N} = \frac{\langle j, -j | U^{\dagger}(n) J_z U(n) | j, -j \rangle}{N} = -\frac{1}{2\sqrt{1 + \dfrac{4g^2\gamma^2}{\omega_a^2 N}}} \tag{3.5.22}$$

将式（3.5.14）代入式（3.5.22）可以得到不同区域的原子布居数分布. 在正常相区域是 -0.5，在超辐射区域是

$$\Delta n_a = \begin{cases} \Delta n_{am} = \dfrac{-g_m^2}{2\omega\omega_a}, g_m > g_{mc}, g_m > g_e \\ \Delta n_{ae} = \dfrac{-g_e^2}{2\omega\omega_a}, g_e > g_{ec}, g_e > g_m \end{cases} \tag{3.5.23}$$

基于式（3.5.21）和式（3.5.23），图 3.5.3 给出了平均光子数和原子布居数随原子－场耦合强度变化的相图.

图 3.5.3 中（a）图在 $g_m \leqslant g_{mc}, g_m \leqslant g_e$ 区域内，光子数为 0，为正常相区域；在 $g_m > g_{mc}, g_m > g_e$ 区域，光子数分布为 $\dfrac{\omega_a^2}{4g_m^2}\left(\dfrac{g_m^4}{\omega^2\omega_a^2} - 1\right)$，处于电超辐射相.（b）图在 $g_e \leqslant g_{ec}, g_e \leqslant g_m$ 区域，光子数为 0，为正常相区域；在

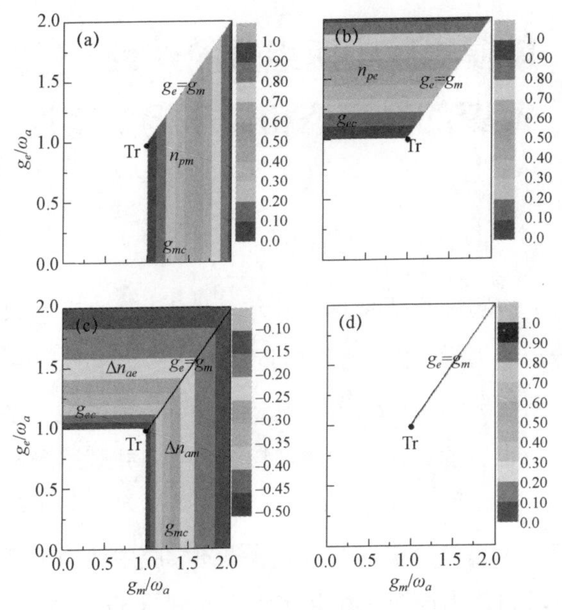

图 3.5.3　白色代表光子数为 0 的区域；(a) 图彩色区域表示电效应引起的平均光子数 n_{pe}；(b) 图彩色区域代表磁效应引起的平均光子数 n_{pm}；(c) 图代表总场引起的布居数分布 Δn_{ae} 和 Δn_{am}；(d) 图亮线代表电磁的共存态

$g_e > g_{ec}, g_e > g_m$ 区域，光子数分布为 $\frac{\omega_a^2}{4g_e^2}\left(\frac{g_e^4}{\omega^2\omega_a^2}-1\right)$，处于磁超辐射相.（c）图原子布居数分布在 $g_m \leqslant g_{mc}, g_e \leqslant g_{ec}$ 区间时，原子布居数分布都为 –0.5，为正常相；其他区域原子布居数的分布是 $-\frac{g_m^2}{2\omega\omega_a}$ 和 $-\frac{g_e^2}{2\omega\omega_a}$ 具有对称性，分别为电超辐射相和磁超辐射相.（d）图代表磁效应和电效应共存的态.

3.5.5　结论

本节首先给出包含电效应和磁效时系统的哈密顿量，基于 SCS 变分法得到系统的基态能量泛函. 通过对参量求变分并令其等于零得出相变点，再根据二阶导数大于零判断其稳定性，最后给出了平均光子数和原子布居数随原子 – 场集体耦合强度变化的相图和线图. 当考虑电效应和磁效应同时存在时，系统不仅显示有从正常相到超辐射相的二阶量子相变，而且揭示了奇异的一阶量子相变. 得到的正常相到超辐射相的二级量子相变与参考文献得出的结果完全一致，一级相变与参考文献结果相同.

3.6 单模光腔中两组分的玻色－爱因斯坦凝聚的共存态和量子相变特性

3.6.1 引言

近年来，为了检测极其微弱的作用力，也提出了光学 Dicke 模型，揭示了原子对隧穿诱导的动力学. 利用半经典近似方法研究了双组分 BECs 中的 QPT. 研究表明，耦合双组分 BECs 在光腔中显示光学，流动性，多稳性. 在具有自旋自由度的双组分也可能存在大量的多粒子纠缠，并观察到两个 BECs 之间存在干涉.

本节用自旋相干态变分法，研究了单模光学腔中两个组分 BECs 集体量子态，从正常和反转自旋考虑可以引起多稳态宏观量子态. 揭示了它们的丰富的相图和相关的量子相变特性，特别是原子集体反转态，即反转赝自旋，与受激辐射一起被证明，这在通常的单模 DM 中是不存在的.

3.6.2 模型

考虑两个超冷原子的集体，它们同时与频率为 ω 的光腔耦合. 如图 3.6.1 所示，系统的有效哈密顿量（$\hbar=1$ 为自然单位）中双组分 DM 的形式.

$$H=\omega a^{\dagger}a+\sum_{l=1,2}\omega_l J_{lz}+\sum_{l=1,2}\frac{g_l}{\sqrt{N_l}}(a^{\dagger}+a)(J_{l+}+J_{l-}) \tag{3.6.1}$$

$J_{lz}(J_{l\pm}=J_{lx}\pm J_{ly}, l=1,2)$ 是具有自旋量子数 $J_l=N_l/2$ 的集体赝自旋算符. 原子－场耦合强度分别为 g_l，N_l 为第 l 个分量的原子数，$a^{\dagger}(a)$ 为光子产生或湮灭算符，两组分的原子频率分别为 ω_l. 如图 3.6.1 所示.

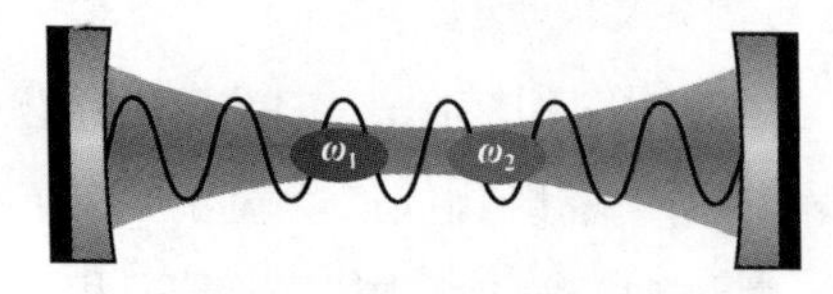

图 3.6.1 频率为 ω 的高精细光腔中具有频率为 ω_1 和 ω_2 的两组分的超冷原子示意图

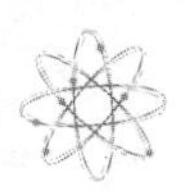

3.6.3　双重的自旋相干态及变分法

运用了自旋相干变分法，光场的玻色场即 $a|\alpha\rangle=\alpha|\alpha\rangle$，试探波函数是 $|\alpha\rangle$ 作用到哈密顿量上得到部分平均值，得到了赝自旋算符的有效哈密顿量，

$$H_{sp}(\alpha)=\langle\alpha|H|\alpha\rangle=\omega\alpha^{\dagger}\alpha+\sum_{l=1,2}\omega_l J_{lz}+\sum_{l=1,2}\frac{g_l}{\sqrt{N_l}}(\alpha^*+\alpha)(J_{l+}+J_{l-}) \quad (3.6.2)$$

自旋相干态采用

$$|\psi_s\rangle=|\pm n_1\rangle\otimes|\pm n_2\rangle, U=R(n_1)R(n_2) \quad (3.6.3)$$

其能量本征值是

$$H_{sp}(\alpha)|\psi_s\rangle=E(\alpha)|\psi_s\rangle \quad (3.6.4)$$

$$|\psi_s\rangle=U|J,\pm J\rangle_1|J,\pm J\rangle_2 \quad (3.6.5)$$

而么正变换为

$$U=R(n_1)R(n_2) \quad (3.6.6)$$

总的波函数

$$|\psi\rangle=|\alpha\rangle|\psi_s\rangle \quad (3.6.7)$$

能量泛函 $E(\alpha)$ 的局部最小值，其中玻色子相干态的复特征值参数化为

$$\alpha=\gamma e^{i\phi} \quad (3.6.8)$$

通过求解，推导出了能量函数关于变分参数 γ 的表达式

$$\frac{E}{\omega}(\gamma)=\gamma^2\pm\sum_{l=1,2}\frac{N_l}{2}\sqrt{\left(\frac{\omega_l}{\omega}\right)^2+\frac{16\gamma^2}{N_l}\left(\frac{g_l}{\omega}\right)^2} \quad (3.6.9)$$

3.6.4　多稳定状态和相图

同时考虑了正常 (⇓) 和反转 (⇑) 赝自旋态来揭示多个稳定态. 因此存在四种自旋态的组合，它们分别为↓↓（两种正常自旋），↑↑（两种反转自旋），↓↑和↑↓（一种正常自旋，一种反转自旋和反之亦然），关于两个正常相的构成，无量纲能量为

$$\frac{E_{\downarrow\downarrow}(\gamma)}{\omega}=\gamma^2-\sum_{l=1,2}\frac{N_l}{2}\sqrt{\left(\frac{\omega_l}{\omega}\right)^2+\frac{16\gamma^2}{N_l}\left(\frac{g_l}{\omega}\right)^2}$$

假设两个分量的原子个数相等，即 $N_1=N_2=N/2$. 原子场失谐于腔频 ω 为 Δ，假设原子跃迁频率分别为

$$\omega_l=\omega-\Delta,\omega_2=\omega+\Delta \tag{3.6.10}$$

基态能量为

$$\varepsilon_{\downarrow\downarrow}=\frac{E_{\downarrow\downarrow}(\gamma)}{N\omega}$$

对于变分参数 γ. 能量极值条件为

$$\frac{\partial\varepsilon_{\downarrow\downarrow}}{\partial\gamma}=2\gamma_{\downarrow\downarrow}p_{\downarrow\downarrow}(\gamma_{\downarrow\downarrow})=0 \tag{3.6.11}$$

$$p_{\downarrow\downarrow}(\gamma_{\downarrow\downarrow})=1-\sum_{l=1,2}\frac{4g_l^2}{\omega^2F_l(\gamma_{\downarrow\downarrow})}$$

其中
$$F_l(\gamma_{\downarrow\downarrow})=\sqrt{\left(\frac{\omega_l}{\omega}\right)^2+32\left(\frac{g_l}{\omega}\right)^2\frac{\gamma_{\downarrow\downarrow}^2}{N}}$$

极值条件式（3.6.11）给出除具有零光子数解 $\gamma_{\downarrow\downarrow}=0$，如果能量函数的二阶导数是稳定的

$$\frac{\partial^2(\varepsilon_{\downarrow\downarrow}(\gamma_{\downarrow\downarrow}^2=0))}{\partial\gamma^2}=2\left[1-\frac{4}{\omega}\left(\frac{g_1^2}{\omega_1}+\frac{g_2^2}{\omega_2}\right)\right]$$

是正的，相位边界由 $\partial^2(\varepsilon_{\downarrow\downarrow}(\gamma_{\downarrow\downarrow}^2=0))/\partial\gamma^2=0$ 确定，其中，两个关键耦合参数间的线性关系为 $\frac{g_{1,c}^2}{\omega_1}+\frac{g_{2,c}^2}{\omega_2}=\frac{\omega}{4}$.

当
$$\frac{g_1^2}{\omega_1}+\frac{g_2^2}{\omega_2}<\frac{\omega}{4} \tag{3.6.12}$$

定义为 NP，即稳定的零光子数解，用 $N_{\downarrow\downarrow}$ 表示. 还有非零光子数解定义为 $S_{\downarrow\downarrow}$. 用↓↑表示构造的能量函数为

$$\varepsilon_{\downarrow\uparrow}=\frac{\gamma^2}{N}-\frac{1}{4}[F_1(\gamma_{\downarrow\uparrow})-F_2(\gamma_{\downarrow\uparrow})]$$

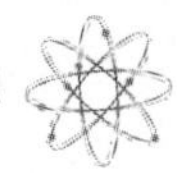

能量极值条件 $\partial\varepsilon_{\downarrow\uparrow}/\partial\gamma=2\gamma_{\downarrow\uparrow}p_{\downarrow\uparrow}(\gamma_{\downarrow\uparrow})=0$ 和

$$p_{\downarrow\uparrow}(\gamma_{\downarrow\uparrow})=1-\frac{4}{\omega^2}\left[\frac{g_1^2}{F_1(\gamma_{\downarrow\uparrow})}-\frac{g_2^2}{F_2(\gamma_{\downarrow\uparrow})}\right]$$

有零光子数解，二阶导数稳定

$$\frac{\partial^2(\varepsilon_{\downarrow\uparrow}(\gamma_{\downarrow\uparrow}^2=0))}{\partial\gamma^2}=\frac{2}{N}\left[1-\frac{4}{\omega}\left(\frac{g_1^2}{\omega_1}-\frac{g_2^2}{\omega_2}\right)\right]$$

是正的. 因此，我们有 NP（用 $N_{\downarrow\uparrow}$ 表示）区域

$$\frac{g_1^2}{\omega_1}-\frac{g_2^2}{\omega_2}<\frac{\omega}{4} \tag{3.6.13}$$

对于构造↑↓的能量函数为

$$\varepsilon_{\uparrow\downarrow}=\frac{\gamma^2}{N}+\frac{1}{4}[F_1(\gamma)-F_2(\gamma)]$$

能量极值条件为 $\partial\varepsilon_{\uparrow\downarrow}/\partial\gamma=\gamma_{\uparrow\downarrow}p_{\uparrow\downarrow}(\gamma_{\uparrow\downarrow})=0$ 和

$$p_{\uparrow\downarrow}(\gamma_{\uparrow\downarrow})=1+\frac{4}{\omega^2}\left[\frac{g_1^2}{F_1(\gamma_{\uparrow\downarrow})}-\frac{g_2^2}{F_2(\gamma_{\uparrow\downarrow})}\right]$$

同样的，稳定的零光子数解由 $N_{\uparrow\downarrow}$ 表示

$$\frac{g_2^2}{\omega_2}-\frac{g_1^2}{\omega_1}<\frac{\omega}{4} \tag{3.6.14}$$

以上两种情况也都有非零光子数解 $S_{\uparrow\downarrow},S_{\uparrow\downarrow}$.

对于构造↑↑的能量函数为

$$\varepsilon_{\uparrow\uparrow}=\frac{E_{\uparrow\uparrow}(\gamma)}{\omega N}=\frac{\gamma^2}{N}+\frac{1}{4}\sum_{l=1,2}F_l(\gamma)$$

极值条件为
$$\frac{\partial(\varepsilon_{\uparrow\uparrow})}{\partial\gamma}=2\gamma_{\uparrow\uparrow}p_{\uparrow\uparrow}(\gamma_{\uparrow\uparrow})=0$$

和
$$p_{\uparrow\uparrow}(\gamma_{\uparrow\uparrow})=1+\sum_{l=1,2}\frac{4g_l^2}{\omega^2F_l(\gamma_{\uparrow\uparrow})}$$

零光子数解在二阶偏导后，用 $N_{\uparrow\uparrow}$ 表示

$$\frac{\partial^2(\varepsilon_{\uparrow\uparrow}(\gamma_{\uparrow\uparrow}^2=0))}{\partial\gamma^2}=\frac{2}{N}\left[1+\frac{4}{\omega}\left(\frac{g_1^2}{\omega_1}+\frac{g_2^2}{\omega_2}\right)\right]>0$$

总是正的无非零光子数解.

非零光子解可以由极值条件得到

$$p_k(\gamma_{sk})=0 \tag{3.6.15}$$

对于四种构型 $k=\downarrow\downarrow, \downarrow\uparrow, \uparrow\downarrow, \uparrow\uparrow$. 极值条件可根据（3.6.14）数值求解. 在图 3.6.2（a）中分别给出 $k=\downarrow\downarrow$，$\downarrow\uparrow$，$\uparrow\downarrow$ 时的稳定非零光子解 γ_{sk}，即超辐射态，以及相应的能量 $\varepsilon(\gamma_{sk})$，如图 3.6.2 所示. 对于无量纲耦合 $g_2/\omega=0.2$［图 3.6.2（a1）和图 3.6.2（b1）］极值方程的共同解 $\gamma_{s\downarrow\downarrow}$ 和 $\gamma_{s\downarrow\uparrow}$ 在两种情况下是稳定的，即能量函数对变化参数 γ 的二阶正导数，对应的能量为局部最小值. $\gamma_{s\downarrow\uparrow}$ 表示原子第二组分的原子反转态激发辐射的解. 将耦合强度提高到 $g_2/\omega=0.4$［图 3.6.2（a2）和图 3.6.2（b2）］和 0.7，只有一个稳定解 $\gamma_{s\downarrow\downarrow}$. 当 $g_2/\omega=0.9$［图 3.6.2（a4）和图 3.6.2（b4）］时，两个稳定解再次出现. 有意思的是，受激辐射成为原子的第一组分，即 $\gamma_{s\uparrow\downarrow}$. 超辐射状态分别用 $S_{\downarrow\downarrow}, S_{\uparrow\downarrow}$ 和 $S_{\downarrow\uparrow}$ 表示在以下相图中. 用自旋相干态变分法的新观测结果表明，除了基态外，我们得到了具有更高能量的稳定 MQSs. 图 3.6.3 为谐振条件为 $\omega_1=\omega_2=\omega$. 时 $g_1\sim g_2$ 平面的相位图，相位边界 $g_{c\downarrow\downarrow}g_{c\downarrow\uparrow}g_{c\uparrow\downarrow}$ 分别由以下三种关系确定

$$\begin{cases} g_2=\dfrac{1}{2}\sqrt{1-\left(\dfrac{2g_1}{\omega}\right)^2} \\ g_2=\dfrac{1}{2}\sqrt{1+\left(\dfrac{2g_1}{\omega}\right)^2} \\ g_2=\dfrac{1}{2}\sqrt{\left(\dfrac{2g_1}{\omega}\right)^2-1} \end{cases} \tag{3.6.16}$$

如图 3.6.2 所示. 对于 $k=\downarrow\downarrow$，$k=\downarrow\uparrow$ 和 $k=\uparrow\downarrow$，第一组分与场的耦合强度为 $g_1/\omega=0.6$ 和 $g_2/\omega=0.2(\text{a1}),0.4(\text{a2}),0.7(\text{a3}),0.9(\text{a4})$. 极值方程 $P_k(\gamma_{sk})=0$ 的图形化解决方法. 其平均能量曲线 ε 绘制在下面（b1-b4）中. $\overline{\gamma^2}=\dfrac{\gamma^2}{N}$ 为平均光子数.

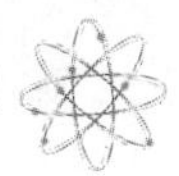

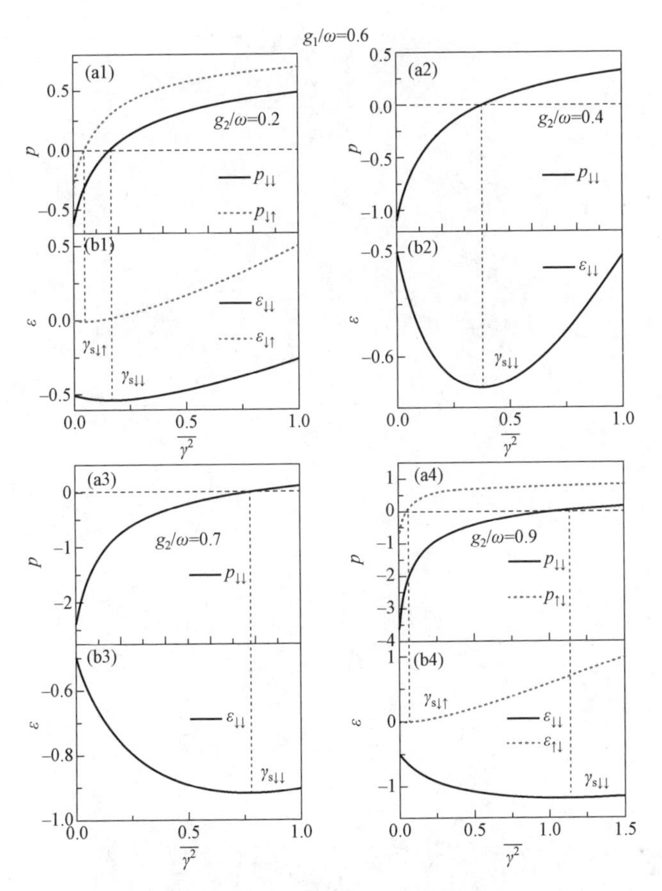

图 3.6.2　极值方程 $P_k(\gamma_{sk})=0$ 和平均能量曲线 ε 随平均光子数 γ^2/N 的变化

图 3.6.3 所示，共振条件 $\omega_1=\omega_2=\omega$ 下的相图，$\mathrm{NP_{ts}}(\mathrm{N}_{\downarrow\downarrow},\mathrm{N}_{\uparrow\downarrow},\mathrm{N}_{\downarrow\downarrow})$ 和 $\mathrm{NP_{ts}}(\mathrm{N}_{\downarrow\downarrow},\mathrm{N}_{\downarrow\uparrow},\mathrm{N}_{\downarrow\downarrow})$ 表示具有三重状态的 NP，其中 $\mathrm{N}_{\downarrow\downarrow}$ 为基态．$\mathrm{SP_{co}}(\mathrm{S}_{\downarrow\downarrow},\mathrm{N}_{\uparrow\downarrow},\mathrm{N}_{\uparrow\uparrow})$ $[\mathrm{SP_{co}}(\mathrm{S}_{\downarrow\downarrow},\mathrm{N}_{\uparrow\downarrow},\mathrm{N}_{\uparrow\uparrow})]$ 是指以基态 $\mathrm{S}_{\downarrow\downarrow}$ 为特征的 SP，与 $\mathrm{N}_{\uparrow\downarrow}(\mathrm{N}_{\downarrow\uparrow})$ 和 $\mathrm{N}_{\uparrow\uparrow}$ 共存 $\mathrm{SP_{co}}(\mathrm{S}_{\downarrow\downarrow},\mathrm{S}_{\uparrow\downarrow},\mathrm{N}_{\uparrow\uparrow})[\mathrm{SP_{co}}(\mathrm{S}_{\downarrow\downarrow},\mathrm{S}_{\downarrow\uparrow},\mathrm{N}_{\uparrow\uparrow})]$ 也是共存 SP，此中，第一激发态为超辐射态 $\mathrm{S}_{\uparrow\downarrow}(\mathrm{S}_{\downarrow\uparrow})$．

在以 $\mathrm{NP_{ts}}$ 表示的区域（以 $g_{c\downarrow\downarrow}$ 为边界）有三种形式零光子态，基态为能量最低的 $\mathrm{N}_{\downarrow\downarrow}$．有两个部分满足，只有一个态，即一个区域中的状态 $\mathrm{N}_{\downarrow\uparrow}$ 被 $\mathrm{N}_{\uparrow\downarrow}$ 替换.

如图 3.6.4 所示，在原子－光子耦合参数 $\delta=0$(a), $\delta=0.5$(b), 和 $\delta=-0.5$(c) 的 g-Δ 空间相图中，分成不同的第一激发态区域 $(\mathrm{N}_{\downarrow\uparrow},\mathrm{S}_{\downarrow\uparrow}$和$\mathrm{N}_{\uparrow\downarrow},\mathrm{S}_{\uparrow\downarrow})$ 的边界线分别向上和向下移动 $\delta=0.5$(b), -0.5(c).

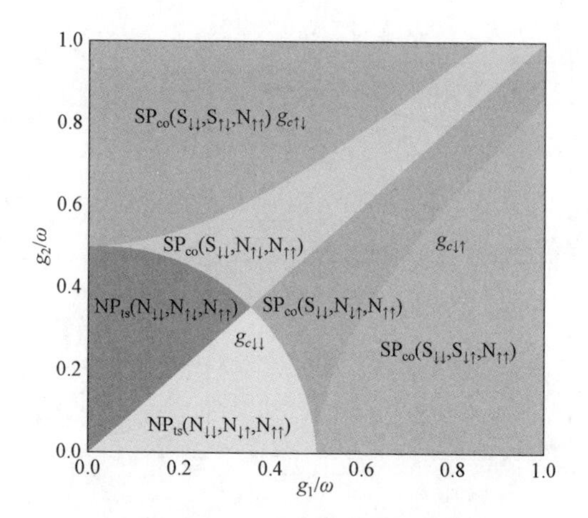

图 3.6.3　共振条件下的相图

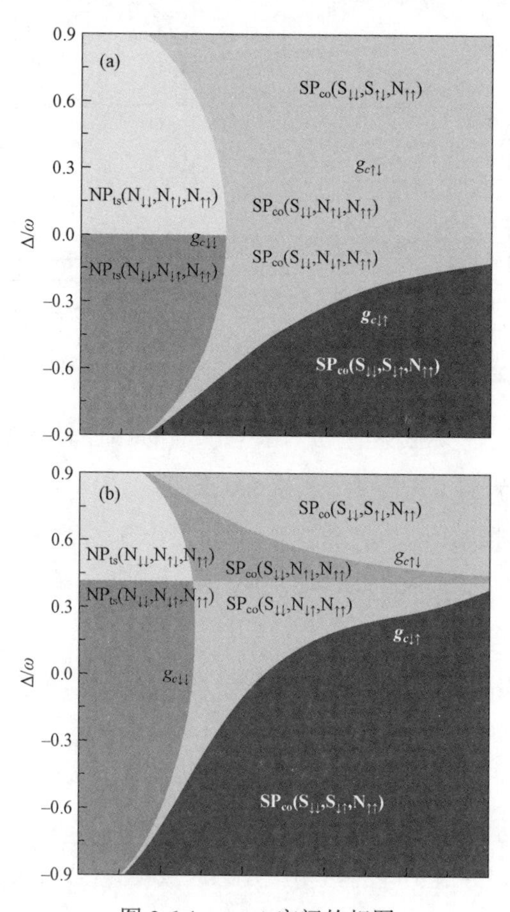

图 3.6.4　g-Δ 空间的相图

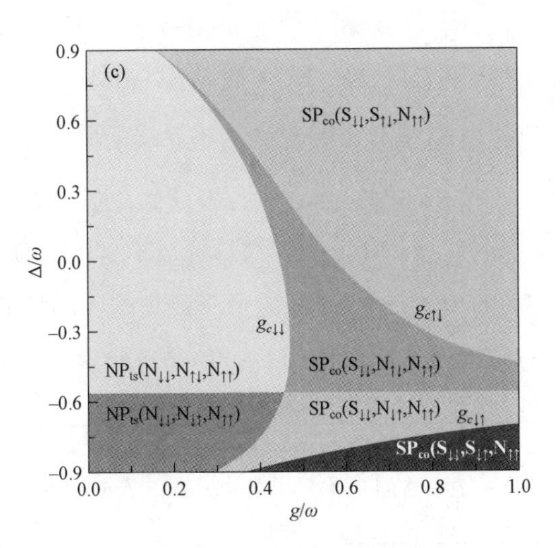

图 3.6.4　g - Δ 空间的相图（续）

另一个是 $N_{\uparrow\downarrow}$，通过调整 $g_1/g_2<1$ 和 $g_2/g_1>1$ 两个耦合常数的比值，能够看到同步自旋反转是从状态 $N_{\downarrow\uparrow}$ 到 $N_{\uparrow\downarrow}$. 比如，激发态 $N_{\downarrow\downarrow}$ 为特征的 NP 区域用符号 $NP_{ts}(N_{\downarrow\downarrow},N_{\uparrow\downarrow},N_{\uparrow\uparrow})$ 表示，零光子的第一 $(N_{\uparrow\downarrow})$ 和第二 $(N_{\uparrow\uparrow})$ 激发态与它并存. 相位图是关于 $g_2/g_1=1$ 这条线对称的，这条线将 SP 区域划分成两个区域. $\omega_1=\omega_2=\omega$ 共振具有对称性，对称线下方，第一个激发态通过耦合变化引起的自旋反转而变为 $N_{\downarrow\uparrow}$. 而 $g_{c\uparrow\downarrow}$ 是第一个激发态 $N_{\downarrow\uparrow}$ 和 $S_{\downarrow\uparrow}$ 的对应边界. 超辐射态 $S_{\uparrow\downarrow},S_{\downarrow\uparrow}$ 是对双组分 BECs 的新观测值，它被认为是来自高能原子能级的受激辐射. 两种组分在整个区域内都存在稳定的反转状态 $N_{\uparrow\uparrow}$. 本节观察到的多稳态 MQSs 与非平衡 QPTs 的动态探究相同.

考虑原子失谐 $\omega_1=\omega-\Delta$ 和 $\omega_2=\omega+\Delta$ 时的相图，定义

$$g_1=g,g_2=(1+\delta)g. \tag{3.6.17}$$

将原子场耦合式（3.6.17）代入相应的基态能量函数，得到参数 g - Δ 空间的相位图，如图 3.6.4 所示 $\delta=0$［图 3.6.4（a）］，0.5［图 3.6.4（b）］，−0.5［图 3.6.4（c）］. 从式（3.6.11）中得到正常态 $N_{\downarrow\downarrow}$ 的边界线 $g_{c\downarrow\downarrow}$

$$g_{c\downarrow\downarrow}=\frac{1}{2}\sqrt{\frac{(\omega^2-\Delta^2)}{\omega[2\omega+(\omega-\Delta)(2\delta+\delta^2)]}} \tag{3.6.18}$$

如图 3.6.4（a）所示，$\delta=0$ 时的相图关于水平线 $\Delta=0$ 是对称的. 用 $\mathrm{NP_{ts}}(\mathrm{N}_{\downarrow\downarrow},\mathrm{N}_{\downarrow\uparrow},\mathrm{N}_{\uparrow\uparrow})$ 和 $\mathrm{NP_{ts}}(\mathrm{N}_{\downarrow\downarrow},\mathrm{N}_{\uparrow\downarrow},\mathrm{N}_{\uparrow\uparrow})$ 表示的三重态 NP 区域位于临界线 $g_{c\downarrow\downarrow}$ 左侧，伴随失谐项$|\Delta|$绝对值的减少，边界线朝原子场耦合 g 的上值方位转移，如图 3.6.4（a）所示. $\mathrm{NP_{ts}}(\mathrm{N}_{\downarrow\downarrow},\mathrm{N}_{\downarrow\uparrow},\mathrm{N}_{\uparrow\uparrow})$ 和 $\mathrm{NP_{ts}}(\mathrm{N}_{\downarrow\downarrow},\mathrm{N}_{\uparrow\downarrow},\mathrm{N}_{\uparrow\uparrow})$ 分别表示正常相 $\mathrm{N}_{\downarrow\downarrow},\mathrm{N}_{\downarrow\uparrow},\mathrm{N}_{\uparrow\downarrow}$ 和 $\mathrm{N}_{\uparrow\uparrow}$ 的 NP 区域. 然后经过原子场耦合 g 的变化，从基态 $\mathrm{N}_{\downarrow\downarrow}$ 的 NP 到基态 $\mathrm{S}_{\downarrow\downarrow}$ 的 SP 的 QPT 是固定原子场失谐 Δ 的标准 DM 型. 从式中（3.6.12，3.6.13）分别确定了分离 $\mathrm{S}_{\downarrow\uparrow}$ 和 $\mathrm{S}_{\uparrow\downarrow}$ 的边界线 $g_{c\downarrow\uparrow}$，$g_{c\uparrow\downarrow}$.

$$g_{c\downarrow\uparrow}=\frac{1}{2}\sqrt{\frac{(\omega^2-\Delta^2)}{\omega[(\omega+\Delta)-(\omega-\Delta)(1+\delta)^2]}}=\frac{1}{2}\sqrt{\frac{(\omega^2-\Delta^2)}{\omega[2\Delta-(\omega-\Delta)(2\delta+\delta)^2]}},\tag{3.6.19}$$

$$g_{c\uparrow\downarrow}=\frac{1}{2}\sqrt{\frac{(\omega^2-\Delta^2)}{\omega[(\omega-\Delta)(1+\delta)^2-(\omega+\Delta)]}}=\frac{1}{2}\sqrt{\frac{(\omega^2-\Delta^2)}{\omega[(\omega-\Delta)(2\delta+\delta)^2-2\Delta]}}.\tag{3.6.20}$$

临界线 $g_{c\downarrow\downarrow}$ 上部是 $\mathrm{SP_{co}}(\mathrm{S}_{\downarrow\downarrow},\mathrm{N}_{\downarrow\uparrow},\mathrm{N}_{\uparrow\uparrow})$，$g_{c\downarrow\downarrow}$ 下方是 $\mathrm{NP_{ts}}(\mathrm{N}_{\downarrow\downarrow},\mathrm{N}_{\downarrow\uparrow},\mathrm{N}_{\downarrow\downarrow})$，从而观察到第二激发态随失谐量 Δ 的增加而由正常状态 $\mathrm{N}_{\downarrow\uparrow}$ 变为超辐射状态 $\mathrm{S}_{\downarrow\uparrow}$，相图上下半平面的差异仅由两组分间自旋极化交换的第一激发态 $\mathrm{N}_{\downarrow\uparrow},\mathrm{S}_{\downarrow\uparrow}$ 和 $\mathrm{N}_{\uparrow\downarrow},\mathrm{S}_{\uparrow\downarrow}$ 决定. 这条分界线将具有不同激发态的区域分开，分别向上和向下移动 $\delta=0.5$［图 3.6.4（b）］，$\delta=-0.5$［图 3.6.4（c）］.

3.6.5 从相变的角度看平均能量，平均光子数和原子布居数

运用式（4）中的自旋态 $|\psi_s(-j,-j)\rangle=U|j,-j\rangle_1|j,-j\rangle_2$，可以直接由式（3.6.7）中相应波函数 $|\psi\rangle=|\alpha\rangle|\psi_s\rangle$ 中光子数算符的平均值求出 $\mathrm{N}_{\downarrow\downarrow}$ 和状态 $S_{\downarrow\downarrow}$ 的平均光子数，结果很明显

$$n_p(\downarrow\downarrow)=\frac{\langle\alpha|a^+a|\alpha\rangle}{N}=\begin{cases}0,g<g_{c\downarrow\downarrow}\\ \dfrac{\gamma_{\downarrow\downarrow}^2}{N},g>g_{c\downarrow\downarrow}\end{cases}\tag{3.6.21}$$

如图 3.6.5 所示. 在原子场频率失谐 $\Delta=0.6(1)$ 和 $\Delta=-0.6(2)$ 的耦合常数 $g=g_1=g_2$ 下，平均光子数 $n_p(\mathrm{a})$，原子布居数分布 $\Delta n_a(\mathrm{b})$，和平均能量 $\varepsilon(\mathrm{c})$ 的变化.

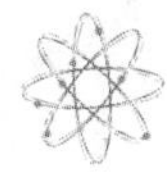

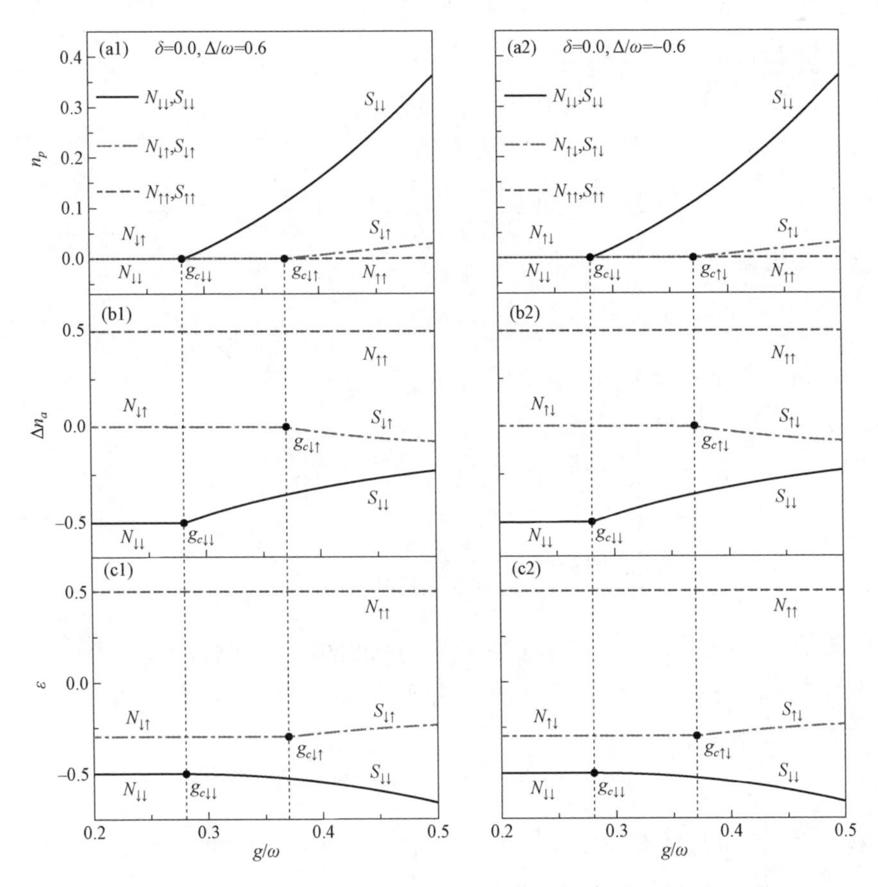

图 3.6.5　平均光子数 n_p(a)，原子布居数分布 Δn_a(b)，平均能量 ε(c) 的变化图

而原子布居数分布就变成了

$$\Delta n_a(\downarrow\downarrow)=\frac{\left\langle\psi_s(-s,-s)\right|(J_{1z}+J_{2z})\left|\psi_s(-s,-s)\right\rangle}{N}=-\frac{1}{4}\sum_{l=1,2}\frac{\omega_l}{\omega F_l(\gamma_{\downarrow\downarrow})}\tag{3.6.22}$$

众所周知的标准 Dicke-模型值

$$\Delta n_a(\downarrow\downarrow)=-\frac{1}{2}\tag{3.6.23}$$

在临界点 $g_{c\downarrow\downarrow}$ 和 NP 态 $\mathrm{N}_{\downarrow\downarrow}$ 处，基态 $\mathrm{N}_{\downarrow\downarrow}$ 和 $\mathrm{S}_{\downarrow\downarrow}$ 的平均能量由

$$\varepsilon_{\downarrow\downarrow}=\begin{cases}-0.5, & g<g_{c\downarrow\downarrow}\\ \dfrac{\gamma_{\downarrow\downarrow}^2}{N}-\dfrac{1}{4}\displaystyle\sum_{l=1,2}F_l(\gamma_{\downarrow\downarrow}), & g>g_{c\downarrow\downarrow}\end{cases}\tag{3.6.24}$$

对于自旋极化$k=\downarrow\uparrow,\uparrow\downarrow$相反的态$N_k$和态$S_k$，平均光子数为

$$\begin{cases} n_p(N_k)=0; \\ n_p(S_k)=\dfrac{\gamma_k^2}{N} \end{cases} \tag{3.6.25}$$

原子的布居数分布

$$\Delta n_a(N_k)=0 \tag{3.6.26}$$

对于零光子态N_k. 超辐射态S_k的原子布居数分布

$$\begin{cases} \Delta n_a(\mathrm{S}_{\downarrow\uparrow})=\dfrac{1}{4\omega}\left[-\dfrac{\omega_1}{F_1(\gamma_{\downarrow\uparrow})}+\dfrac{\omega_2}{F_2(\gamma_{\downarrow\uparrow})}\right] \\ \Delta n_a(\mathrm{S}_{\uparrow\downarrow})=\dfrac{1}{4\omega}\left[\dfrac{\omega_1}{F_1(\gamma_{\uparrow\downarrow})}-\dfrac{\omega_2}{F_2(\gamma_{\uparrow\downarrow})}\right] \end{cases} \tag{3.6.27}$$

$k=\downarrow\uparrow,\uparrow\downarrow$时超辐射态$S_k$的平均能量$\varepsilon_k(S_k)$可由相应解为$\gamma_k$的能量函数得到，从而得到$\varepsilon_k(N_k)=0$. 对于原子布居数分布$\Delta n_a(\mathrm{N}_{\uparrow\uparrow})=0.5$，平均基态能量是

$$\varepsilon(\mathrm{N}_{\uparrow\uparrow})=\frac{1}{4\omega}(\omega_1+\omega_2) \tag{3.6.28}$$

这两个自旋反转态，无非零光子解，图 3.6.5 中平均光子数n_p，原子布居数Δn_a，和平均能量ε作为原子场耦合强度g的函数，失谐$\Delta=\pm0.6$与$\delta=0$. 在临界点$g_{c\downarrow\downarrow}$以下有三重稳定态（零光子状态），用$\mathrm{NP_{ts}}(\mathrm{N}_{\downarrow\downarrow},\mathrm{N}_{\downarrow\uparrow},\mathrm{N}_{\uparrow\uparrow})$ [或$\mathrm{NP_{ts}}(\mathrm{N}_{\downarrow\downarrow},\mathrm{N}_{\uparrow\downarrow},\mathrm{N}_{\uparrow\uparrow})$] 表示，基态是$\mathrm{N}_{\downarrow\downarrow}$，用实线表示，超辐射基态$\mathrm{S}_{\downarrow\downarrow}$（实线）与$\mathrm{N}_{\downarrow\uparrow}$ [图 3.6.5（a1）～（c1）]，或$\mathrm{N}_{\uparrow\downarrow}$ [图 3.6.5（a2）～（c2）]，和$\mathrm{N}_{\uparrow\uparrow}$共存在临界点$g_{c\downarrow\downarrow}$和$g_{c\downarrow\uparrow}$(或$g_{c\uparrow\downarrow}$)之间. 在临界点$g_{c\downarrow\downarrow}$上，从$\mathrm{NP}(\mathrm{N}_{\downarrow\downarrow})$到$\mathrm{SP}(\mathrm{S}_{\downarrow\downarrow})$的 QPT 是标准 DM 类型. 从图 3.6.5（c1）得到在$\Delta=0.6$的情况下，第一激发态为自旋反转态$\mathrm{N}_{\downarrow\uparrow}$和$\mathrm{S}_{\downarrow\uparrow}$. 而在负失谐$\Delta=-0.6$时，两个分量间自旋极化互换的状态$\mathrm{N}_{\uparrow\downarrow}$和$\mathrm{S}_{\uparrow\downarrow}$成为图 3.6.5（c2）所示的第一激发态. 我们第一次观察到了相变，临界点$g_{c\downarrow\uparrow}(g_{c\uparrow\downarrow})$从正常相$\mathrm{N}_{\downarrow\uparrow}(\mathrm{N}_{\uparrow\downarrow})$到超辐射相$\mathrm{S}_{\downarrow\uparrow}(\mathrm{S}_{\uparrow\downarrow})$，可以从图 3.6.5 和图 3.6.6 看出，这是原子粒子数反转的集体态受激辐射的一个组分的 BECs. 基态在临界点$g_{c\downarrow\uparrow}$(或$g_{c\uparrow\downarrow}$)处不发生变化，它把系统集体激发态的超辐射相$\mathrm{S}_{\downarrow\uparrow}$(或$\mathrm{S}_{\uparrow\downarrow}$)和正常相$\mathrm{N}_{\downarrow\uparrow}$(或$\mathrm{N}_{\uparrow\downarrow}$)隔开，关于频率失谐$\Delta=\pm0.6$（图 3.6.5），临

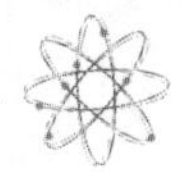

界点可以从式（3.6.16）～（3.6.18），$g_{c\downarrow\downarrow}=\sqrt{2}/5=0.282\,8$ 和 $g_{c\downarrow\uparrow}=g_{c\uparrow\downarrow}=\sqrt{2/15}=0.365\,148$ 准确得到. 两原子只能处于正常自旋反转态.

如图 3.6.6 所示，共振条件 $\Delta=0.0$ 时不同参数 $\delta=-0.5(1)$, $\delta=0.5(2)$ 的平均光子数 n_p(a)，原子布居数 Δn_a(b)，平均能量 ε(c) 曲线. 通过调整相对耦合常数，受激辐射从一个组分转移到另一个组分.

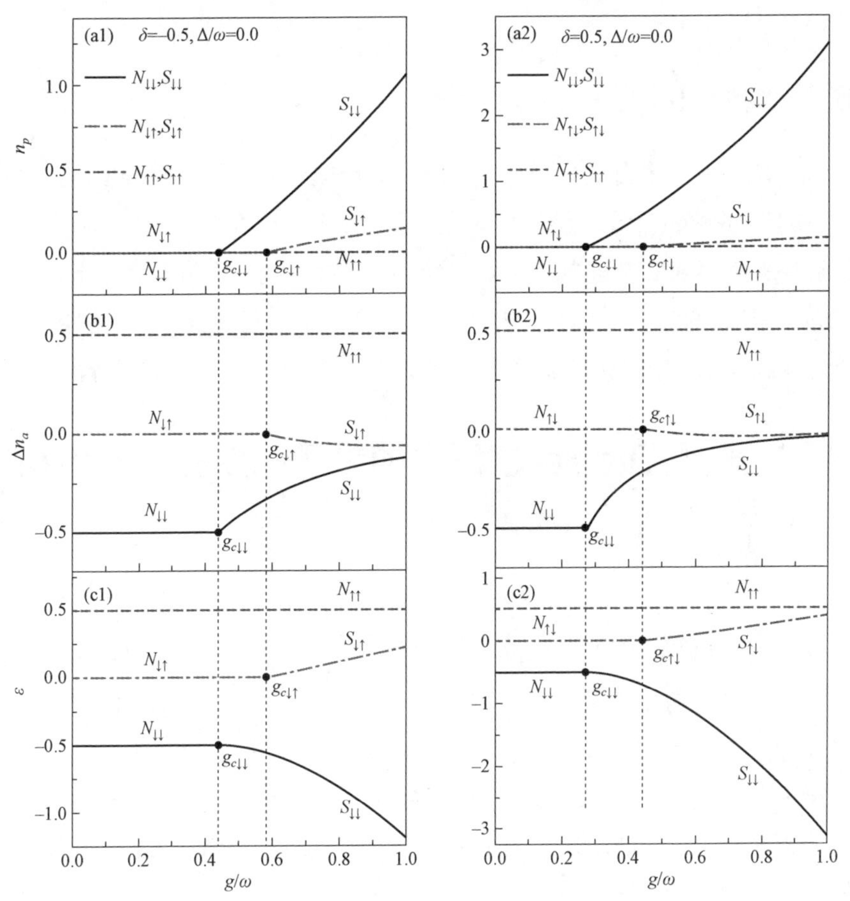

图 3.6.6　平均光子数 n_p(a)，原子布居数 Δn_a(b)，平均能量 ε(c) 曲线图

显示平均光子数 n_p 的变化曲线如图 3.6.6（a1）和（a2）所示，原子总体失衡如图 3.6.6（b1）和（b2）所示，和能量曲线 ε 描绘在图 3.6.6（c1）和（c2），在共振条件 $\Delta=0$，关于不平衡参数的耦合常数 $\delta=-0.5$. 在临界点 $g_{c\downarrow\downarrow}=\sqrt{5}/5=0.447\,214$ 处，产生了从正常状态 $N_{\downarrow\downarrow}$ 到超辐射状态 $S_{\downarrow\downarrow}$ 的 QPT. 如

图 3.6.6（a1）-6（c1）所示，第二组分耦合值较低，则在临界点 $g_{c\downarrow\uparrow}=\sqrt{3}/3=0.577\,350$ 处集体激发态 $N_{\downarrow\uparrow}$ 与 $S_{\downarrow\uparrow}$ 之间出现额外的跃迁. 由图 3.6.5（b1）和图 3.6.5（c1）中的原子总体不平衡和能量，实现了第二组分由原子反转的正常状态向超辐射状态的转变. 将不平衡参数调整为 $\delta=0.5$，如图 3.6.6（a2）-6（c2）所示，第一个组分由 $N_{\uparrow\downarrow}$ 到 $S_{\uparrow\downarrow}$. 在这种情况下，集体受激辐射转移到第一组分，第二组分比第一组分具有更低的原子场耦合. 转变临界点为 $g_{c\uparrow\downarrow}=\sqrt{5}/5=0.447\,214$.

3.6.6　结论和讨论

综上所述，利用自旋相干态变分法，对单模光腔内的双组分 BECs 进行了多重 MQSs 的解析推导. 给出了共振和原子频率失谐变化时的丰富相图. 在单模光腔中存在四种自旋态的组合，系统存在的多稳态. 正常自旋态下，可以实现 Dicke 模型 QPT，反转自旋态还可以得到两个不同正常态之间的量子相变. 自旋相干态变分法可以用来研究原子系综和腔场系统的量子宏观特性.

3.7　扩展 Dicke 模型中的量子相变和 Berry 相

3.7.1　引言

Dicke 模型描述了包含在光学腔中的单模电磁场与 N 个不相互作用的相同原子的系综之间的相互作用. 已经在几个扩展的 Dicke 模型中都体现了 QPT，如考虑原子之间的相互作用，非线性光相互作用，原子－光力学系等.

Berry 从不同的角度表明，对于依赖于一组随时间周期性和绝热变化的参数的哈密顿量，相关的波函数除了由于时间演化而获得的动态相位外，还获得了几何性质的相位因子.

考虑了一个基于非相互作用的两能级原子系综的扩展模型，这些原子嵌入在由经典场泵浦的非线性光学材料中. 利用自旋相干态变分法分析，精确地在热力学极限下，表明与标准 Dicke 模型中达到超强耦合区所需的临界值相比，非线性项的存在可以显著降低原子－场相互作用的临界值，还证明了场算子的期望值是变化的，而原子算子的期望值受非线性项的影响. 最后，推导了由量

子化场变化引起的基态几何相位，证明了它在检测 QPT 以及相位之间附近的标度行为方面的有效性.

3.7.2　模型和哈密顿量

Dicke 模型描述了在高精细度光腔内，N 个原子跃迁频率为 ω_0 的非相互作用的相同二能级原子与频率为 ω_f 的单模辐射场相互作用的系综. 为了得到 Dicke 模型的哈密顿量，做了以下假设：（i）偶极近似（长波长极限，其中场波长远远大于原子被限制的区域的大小）.（ii）只考虑与电磁场相互作用的两个原子能级.（iii）最低能量的量子态是亚稳态的，因此可以忽略向其他原子态的衰变. 这样，Dicke 模型哈密顿量由（取 $\hbar=1$）给出

$$H_D = \omega_f a^\dagger a + \omega_0 J_z + \frac{g}{\sqrt{N}}(a^\dagger + a)(J_+ + J_-) \tag{3.7.1}$$

其中 g 为原子－场偶级耦合强度，玻色算符 $a^\dagger$ 和 a, 分别为腔单模的产生和湮灭算符，满足换易规则 $[a,a^\dagger]=1$. 通过赝自旋集体算子描述了原子系综 $J=\sum_{k=1}^{N} J_k$ 和 $J_k = \sigma_k / 2$ 是第 k 个原子对赝自旋算子的分量，满足 SU（2）对易关系的 $[J_z, J_\pm] = \pm J_\pm$，$[J_+, J_-]=2J_z$，$J_z, J_\pm$ 是原子布居数和原子跃迁的操作算符. 总自旋量子数取 $j=N/2$，对应包含系统基态且完全对称的子空间.

在 Dicke 模型中，相变有两种类型：（i）Hepp 和 Lieb 发现的二阶相变，Wang 和 Hioe 在数学上进行了描述. 当 $g > \sqrt{\omega_0 \omega_f}$ ，有一个温度为 T_c 的热相变. 对于 $T>T_c$ 时，系统处于无原子或光子激发的正常相，而 $T<T_c$ 当系统到达超辐射阶段时.（ii）在 $T=0$ 时，在临界点 $g_c^D = \sqrt{\omega_0 \omega_f} / 2$ 处存在二阶 QPT，系统处于正常相态，基态是非简并的，并且在 $g < g_c^D$ 时不存在原子或光子激发，对于 $g > g_c^D$ 时，系统处于超辐射相，对称性被打破，导致基态退化，光子和原子系综具有宏观占位.

研究一个扩展的 Dicke 模型（EDM），其中非线性光学材料处于高纯度范围内光学谐振腔. 它包含一个量子化的场模式，并被频率为 $2\omega_f$ 的电磁场抽运，在参数近似中描述. 该系统通过包含两个包含非线性算子的项来建模，它们对应于 Hillery 引入的场振幅平方的实部和虚部. 这样，一种非线性效应称为简并参数放大（DPA）在腔内产生 EDM 的哈密顿量是

$$H_{ED}=\omega_f a^\dagger a+\omega_0 J_z+\frac{g}{\sqrt{N}}(a^\dagger a)+\frac{1}{2}K_1(a^{\dagger 2}+a^2)+\frac{1}{2}iK_2(a^{\dagger 2}-a^2) \quad (3.7.2)$$

式（3.7.2）中 K_1 和 K_2 分别为振幅平方的实部和虚部的耦合，此外，EDM 哈密顿量保持了与 Dicke 模型相同的对称性. 当 $K_1=K_2=0$ 时，恢复了 Dicke 哈密顿量. 当原子和场之间没有相互作用（ $g=0$ ）时，系统的哈密顿量相当于一个退化的参数放大器，其中有一个原子给出的额外的能量.

3.7.3 自旋相干态变分方法分析

以玻色和自旋相干态的直积 $|\Psi_\pm\rangle=|\alpha\rangle\otimes|\pm n\rangle$ 作为试探波函数解方程（3.7.2）$|\alpha\rangle$ 是光场的相干态，且满足

$$a|\alpha\rangle=\alpha|\alpha\rangle, \qquad a^\dagger|\alpha\rangle=\alpha^*|\alpha\rangle, \qquad a^\dagger a|\alpha\rangle=|\alpha|^2|\alpha\rangle$$

设 $\alpha=\dfrac{q+ip}{\sqrt{2}},\ \alpha+\alpha^*=\sqrt{2}\,q,\ |\alpha|^2=\dfrac{q^2+p^2}{2}$,

$$(a^{\dagger 2}+a^2)|\alpha\rangle=(q^2-p^2),\quad (a^{\dagger 2}+a^2)|\alpha\rangle=-i2qp, \quad (3.7.3)$$

可得基态能量的解为

$$\varepsilon_{ED\mp}=\frac{1}{2}\omega_f(q^2+p^2)+\frac{1}{2}K_1(q^2-p^2)+K_2qp\mp\frac{N}{2}\sqrt{\omega_a{}^2+\frac{8q^2g^2}{N}} \quad (3.7.4)$$

（3.7.4）对参量 p 求偏导 $\dfrac{\partial\varepsilon_{ED}}{\partial p}=\omega_f p-K_1p+K_2q=0\Rightarrow$ 可得 p 和 q 之间的关系

$$p_c=-\frac{K_2q}{\omega_f-K_1} \quad (3.7.5)$$

（3.7.4）对参量 q 求偏导，并将（3.7.5）代入可

$$\frac{\partial\varepsilon_{ED}}{\partial q}=q\left(\frac{\omega_f^2-K_1^2-K_1^2}{\omega_f-K_1}\mp\frac{4g^2}{\sqrt{\omega_0^2+\frac{8}{N}g^2q^2}}\right) \quad (3.7.6)$$

分析（3.7.6）等于零可得 q=0,$\Rightarrow p=0$,对应于正常相N_-和N_+.

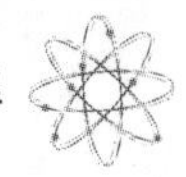

$$\frac{\omega_f^2-K_1^2-K_1^2}{\omega_f-K_1}\mp\frac{4g^2}{\sqrt{\omega_0^2+\frac{8}{N}g^2q^2}}=0$$

当取“－”号时，$\frac{\omega_f^2-K_1^2-K_1^2}{\omega_f-K_1}>0$, $\frac{\omega_f^2-K_1^2-K_1^2}{\omega_f-K_1}=\frac{4g^2}{\sqrt{\omega_0^2+\frac{8}{N}g^2q^2}}\Rightarrow$可得到

$$q^2=\frac{N}{8g^2}\left[\left(\frac{4g^2(\omega_f-K_1)}{\omega_f^2-K_1^2-K_1^2}\right)^2-\omega_0^2\right] \tag{3.7.7}$$

当取“+”号时，$\frac{\omega_f^2-K_1^2-K_1^2}{\omega_f-K_1}>0$, 上式无解.

取相变点

$$g_c=\frac{1}{2}\sqrt{\frac{\omega_0(\omega_f^2-K_1^2-K_1^2)}{\omega_f-K_1}} \tag{3.7.8}$$

对（3.7.6）求二阶导数判断状态的稳定性

$$\frac{\partial^2\varepsilon_{ED}}{\partial q^2}=\frac{\omega_f^2-K_1^2-K_2^2}{\omega_f-K_1}\mp\frac{4g^2\omega_0^2}{\left(\omega_0^2+\frac{8q^2}{N}g^2\right)^{\frac{3}{2}}}>0,\text{是稳定态}$$

对应于$q^2=0$, 对应于正常相N_-,

是稳定态的条件　$\frac{\omega_f^2-K_1^2-K_2^2}{\omega_f-K_1}-\frac{4g^2}{\omega_0}>0$, $\frac{4g_c^2-4g^2}{\omega_0}>0, g<g_c$.

对应于正常相N_+, $\frac{\omega_f^2-K_1^2-K_2^2}{\omega_f-K_1}+\frac{4g^2}{\omega_0}>0$, $\frac{4g_c^2+4g^2}{\omega_0}>0$,始终大于零.

对应于$q^2>0$,对应于超辐射相S_-.

$$\left(\omega_0^2+\frac{8}{N}g^2q^2\right)^{\frac{3}{2}}-\frac{4g^2\omega_0^3(\omega_f-K_1)}{\omega_0(\omega_f^2-K_1^2-K_2^2)}>0,\quad \left(\omega_0^2+\frac{8}{N}g^2q^2\right)^{\frac{3}{2}}-\frac{4g^2\omega_0^3}{4g_c^2}>0$$

$$\omega_0^2+\frac{8}{N}g^2q^2=\left(\frac{g^2\omega_0^3}{g_c^2}\right)^{\frac{2}{3}}\Rightarrow q^2=\frac{N}{8g^2}>\left[\left(\frac{g^2}{g_c^2}\right)^{\frac{2}{3}}\omega_0^2-\omega_0^2\right]>0,\ g>g_c\text{是稳定的}.$$

光子数分布

$$\left\langle a^{\dagger}a\right\rangle=\frac{1}{2}(q^{2}+p^{2})=\frac{1}{2}q^{2}\left[1+\left(-\frac{K_{2}}{\omega_{f}-K_{1}}\right)^{2}\right]=\frac{(\omega_{f}-K_{1})^{2}+K_{2}^{2}}{2(\omega_{f}-K_{1})^{2}}\frac{N\omega_{0}^{2}}{8g^{2}g_{c}^{4}}[g^{4}-g_{c}^{4}]$$

$$n_{p}=\frac{\left\langle a^{\dagger}a\right\rangle}{N}=\frac{(\omega_{f}-K_{1})^{2}+K_{2}^{2}}{(\omega_{f}^{2}-K_{1}^{2}-K_{2}^{2})^{2}}\frac{1}{g^{2}}[g^{4}-g_{c}^{4}] \quad (3.7.9)$$

辐射区的基态能量 $\varepsilon_{ED}=\frac{j\omega_{0}}{2}\left(\frac{g^{2}}{g_{c}^{2}}-\frac{g_{c}^{2}}{g^{2}}\right)-j\omega_{0}\left(\frac{g}{g_{2}}\right)^{2}=-\frac{N\omega_{0}}{4}\left[\frac{g^{2}}{g_{c}^{2}}+\frac{g_{c}^{2}}{g^{2}}\right]$

$$\varepsilon=\frac{\varepsilon_{ED}}{N\omega_{0}}=\begin{cases}-\frac{1}{2}, & g\leqslant g_{c}\\ -\frac{1}{4}\left(\frac{g^{2}}{g_{c}^{2}}+\frac{g_{c}^{2}}{g^{2}}\right), & g>g_{c}\end{cases} \quad (3.7.10)$$

布居数分布 $q=0$，$\left\langle J_{z}\right\rangle=-\frac{N}{2}$

$$q>0,\ \left\langle J_{z}\right\rangle=-\frac{N}{2}\omega_{0}\Big/\sqrt{\omega_{0}^{2}+\left(\frac{4g}{\sqrt{N}}q\right)^{2}}=-\frac{N}{2}\frac{g_{c}^{2}}{g^{2}}$$

$$\Delta n_{a}=\frac{\left\langle J_{z}\right\rangle}{N}=\begin{cases}-\frac{1}{2}, & g\leqslant g_{c}\\ -\frac{1}{2}\frac{g_{c}^{2}}{g^{2}}, & g>g_{c}\end{cases} \quad (3.7.11)$$

3.7.4 相图分析

3.7.4.1 K_1 取确定值 g_c 随 K_2 的变化的相图

当 $K_1=K_2=0$，$g_c=0.5$；$K_1=0$，0.5，0.7 分别对应 K_2 可取的最大值是 $=1$，0.866，0.714，此时都对应 $g_c=0$ 最小值时；$K_1=0.5$，0.7，$K_2=0$，对应分别 g_c 的最大值 0.612，0.652；对图 3.7.1 中，当 $K_1=K_2=0$，$g_c=0.5$；$K_1=0$，0.5，0.7 分别对应 K_2 可取的最大值是 $=1$，0.866，0.714，此时都对应 $g_c=0$ 最小值时；$K_1=0.5$，0.7，$K_2=0$，对应分别 g_c 的最大值 0.612，0.652；对应随着 K_1 的增大，相变点变大，K_2 的取值范围变小.

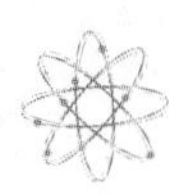

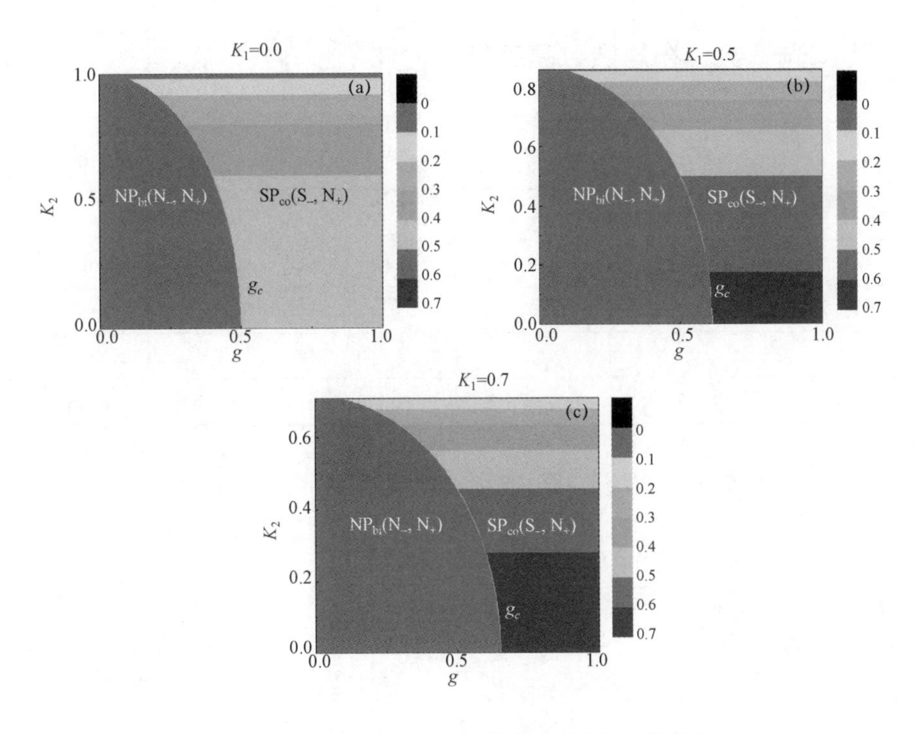

图 3.7.1　$K_1=0$，0.5，0.7 相变点 g_c 随 K_2 的变化

3.7.4.2　K_2 取确定值 g_c 随 K_1 的变化的相图

图 3.7.2 中 $K_2=0.5$，0.7，$K_1=0$，对应的相变点 g_c 分别是 0.433，0.357 都小于 0.5，分别对应的 K_1 的最大值是 0.866 和 0.714 此时 $g_c=0$. 随 K_2 取值的变大 g_c 随 K_1 的相变点的数值减小，K_1 的取值范围减小.

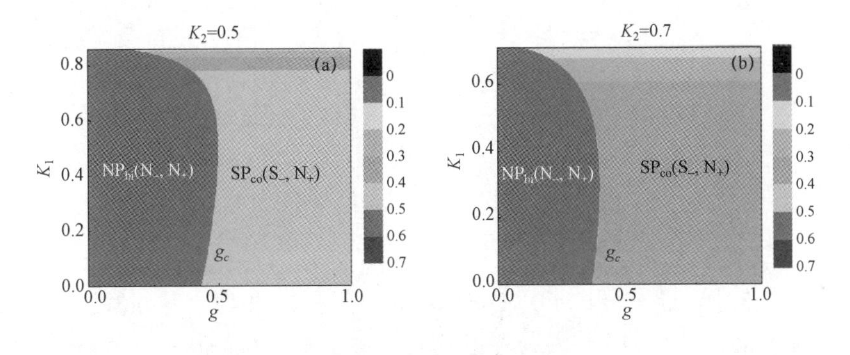

图 3.7.2　$K_2=0.5$，0.7 对应相变点随 K_1 的变化

3.7.5 光子数、布居数、基态能量分布

参数如下

	K_1	K_2	g_c	g_c^2	g_c^4
1	0	0	0.5	0.25	0.625
2	0.5	0	0.612	0.375	0.141
3	0.5	0.7	0.360	0.13	0.017
4	0.7	0.7	0.129	0.016 7	0.000 3

按照式（3.7.9）～（3.7.11）画出的曲线图如图 3.7.3 所示.

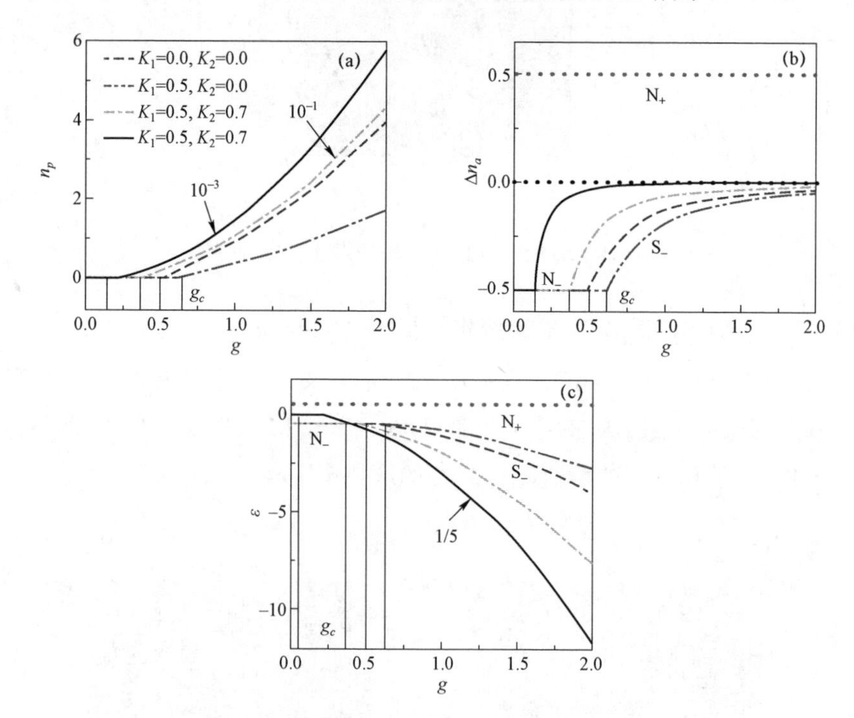

图 3.7.3 光子数 n_p(a), 布居数分布 Δn_a(b), 基态能量 ε(c), 在 K_1, K_2 取确定值时与作为光场和原子的耦合强度 g 函数的曲线图

图 3.7.3 中，当 $K_1=K_2=0$（Dicke 模型－蓝线），相变点是 0.5，当 $K_1=0.5$，$K_2=0$ 红色的线，相变点变大光子数较少，原子布居数也减少，基态能量增大. $K_1=0.5$，$K_2=0.7$ 绿色的线光子数增大，画图时将数值缩小 10 倍，当 K_1 不变，

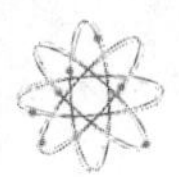

K_2 增大到 0.7，黑色的线将数值缩小了 1 000 倍，可见 K_1、K_2 的数值对光子数分布影响非常大. 当 K_2 不等于零时，相变点的值变小，超辐射更易发生. 布居数也受到影响，原子到高能态的概率变大，对于基态能量黑色的线缩小了 5 倍.

3.7.6　相变的特征

基态能量（3.7.10）对光场和原子的耦合系数 g 求一阶导数和二阶导数得

$$\frac{\partial \varepsilon}{\partial g}=\begin{cases}0, & g \leqslant g_c \\ -\frac{1}{2}\left(\frac{g}{g_c^2}-\frac{g_c^2}{g^3}\right), & g > g_c\end{cases} \tag{3.7.12}$$

$$\frac{\partial^2 \varepsilon}{\partial g^2}=\begin{cases}0, & g \leqslant g_c \\ -\frac{1}{2}\left(\frac{1}{g_c^2}+3\frac{g_c^2}{g^4}\right), & g > g_c\end{cases} \tag{3.7.13}$$

采用上述的参量

图 3.7.4 中根据判断相变的级次，基态能量对光场和原子的耦合参量 g 一阶导数 $\partial\varepsilon/\partial g$ 是连续的，二阶导数 $\partial^2\varepsilon/\partial g^2$ 是不连续的，所以属于二阶量子相变，相变可以从 N_- 到 S_- 和 N_- 到 N_+ 两种方式.

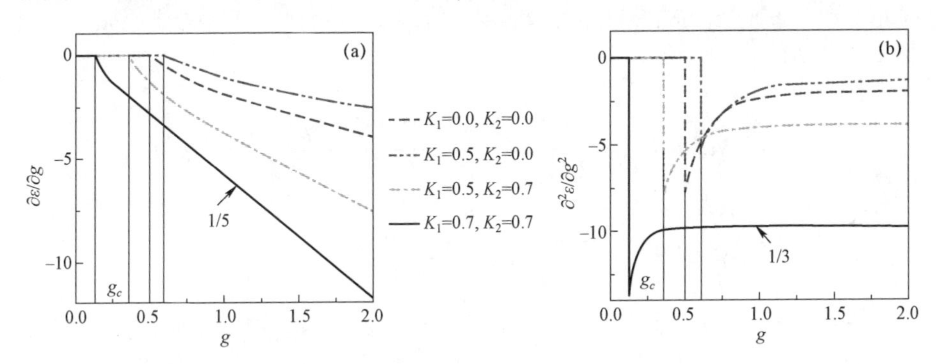

图 3.7.4　基态能量的一阶导数 $\partial\varepsilon/\partial g$(a)，二阶导数 $\partial^2\varepsilon/\partial g^2$(b)，在 K_1，K_2 取确定值时与作为光场和原子的耦合强度 g 函数的曲线图

3.7.7　光腔中的 Berry 相

研究在热力学极限下，由腔场引起的 Berry 相及其与扩展模型中存在的

QPT 的联系. 除了动力学相之外，Berry 相是一个拓扑起源的量子相，它是由系统参数空间中沿闭合路径C循环绝热变化的哈密顿算子的特征态获得的. 沿着量子相变，基态的几何相位出现非解析性. 在 $\hat{H}_{ED}$ 上应用幺正变换生成哈密顿族时，可以找到几何相位. 这是通过使系统绕 z 轴绝热旋转来完成的，通过 $U(\beta)=e^{-i\beta\hat{a}^{\dagger}\hat{a}}$ 给出的幺正变换，绝热地改变角度 β 从 0 到 2π，在参数空间中形成封闭路径 C，变换后的扩展的 Dicke 哈密顿量是

$$
\begin{aligned}
&H(\beta)=U(\beta)H_D U^{\dagger}(\beta)\\
&=\omega_f a^{\dagger}a+\omega_0 J_z+\frac{\gamma}{\sqrt{N}}(e^{-i\beta}+ae^{i\beta})(\hat{J}_+ +\hat{J}_-)+\frac{1}{2}K_1(a^{\dagger 2}e^{-2i\beta}+a^2e^{i2\beta})+\\
&\frac{1}{2}K_2(a^{\dagger 2}e^{-i2\beta}-a^2e^{i2\beta})
\end{aligned}
$$

变换对哈密顿算符的影响是在产生和湮灭算符上增加一个相，这样 $a^{\dagger}\to a^{\dagger}e^{-i\beta}$ 和 $a\to ae^{i\beta}$ 变换后的方程的 Glauber 相干态为 $|\alpha(\beta)\rangle=e^{-|\alpha|^2/2}\,e^{\alpha a^{\dagger}e^{-i\beta}}|0\rangle$

基态的 Berry 相写成

$$
\lambda_0=i\int_0^{2\pi}\langle\psi(\beta_0)|\frac{\mathrm{d}}{\mathrm{d}\beta}|\psi(\beta_0)\rangle\mathrm{d}\beta=2\pi\langle a^{\dagger}a\rangle \tag{3.7.14}
$$

这里$|\psi_0(\beta)\rangle=|\alpha(\beta)\rangle\otimes|z\rangle$ 是系统变换后的基态. 这一结果显示了 Berry 相与平均光子数之间的比例关系，这在文献中也有发现. 因此，在热力学极限下，几何相为

$$
\begin{aligned}
\lambda_0=2\pi\langle a^{+}a\rangle\Rightarrow\lambda&=\frac{\lambda_0}{2\pi N}=\frac{(\omega_f-K_1)^2+K_2^2}{(\omega_f-K_1)^2}\frac{\omega_0^2}{16g^2g_c^4}(g^4-g_c^4)\\
&=\frac{(\omega_f-K_1)^2+K_2^2}{(\omega_f^2-K_1^2-K_2^2)^2}\frac{1}{g^2}(g^4-g_c^4)
\end{aligned}
\tag{3.7.15}
$$

在正常相位中，几何相位为零，在超辐射阶段，当 $K_1=K_2=0$ 时，方程(3.7.1)重现了中报道的 Dicke 模型的结果.

给出了每一阶段 Berry 相对相互作用参量 g 的一阶导数和二阶导数

$$
\frac{\partial\lambda}{\partial g}=\begin{cases}0, & g<g_c\\ \dfrac{(\omega_f-K_1)^2+K_2^2}{(\omega_f^2-K_1^2-K_2^2)^2}2\left(g+\dfrac{g_c^4}{g^3}\right), & g>g_c\end{cases} \tag{3.7.16}
$$

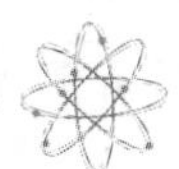

$$\frac{\partial^2\lambda}{\partial g^2}=\begin{cases}0, & g\leqslant g_c\\ \dfrac{(\omega_f-K_1)^2+K_2^2}{(\omega_f^2-K_1^2-K_2^2)^2}2\left(1-\dfrac{3g_c^4}{g^4}\right), & g>g_c\end{cases}\tag{3.7.17}$$

在热力学极限下，基态的 Berry 相在接近临界值 $g\to g_c$ 时的标度行为由式给出

$$\begin{aligned}\lambda_0&=2\pi\langle a^+a\rangle\Rightarrow\lambda=\frac{\lambda_0}{2\pi N}=\frac{(\omega_f-K_1)^2+K_2^2}{(\omega_f-K_1)^2}\frac{\omega_0^2}{16g^2g_c^4}(g^4-g_c^4)/g\to g_c\\&=\frac{(\omega_f-K_1)^2+K_2^2}{(\omega_f-K_1)^2}\frac{(g-g_c)}{4g_c^3}=\frac{(\omega_f-K_1)^2+K_2^2}{\omega_f-K_1}\frac{\omega_0}{\omega_f^2-K_1^2-K_2^2}\frac{g-g_c}{g_c}\end{aligned}\tag{3.7.18}$$

对 g 的一阶导数在 $g\to g_c$ 附近随 N 线性发散，形式为

$$\frac{\partial\lambda_0}{\partial g(2\pi)}/g\to g_c=\frac{(\omega_f-K_1)^2+K_2^2}{(\omega_f-K_1)(\omega_f-K_1^2-K_2^2)}\frac{\omega_0}{g_c}N$$

图 3.7.5 中，基态与相应值缩放后的 Berry 相 λ，$\omega_0=\omega_f=1$. 显示了缩放后的 Berry 相位及其一阶导数作为 g 的函数，对于不同的（K_1，K_2）值. 在正常

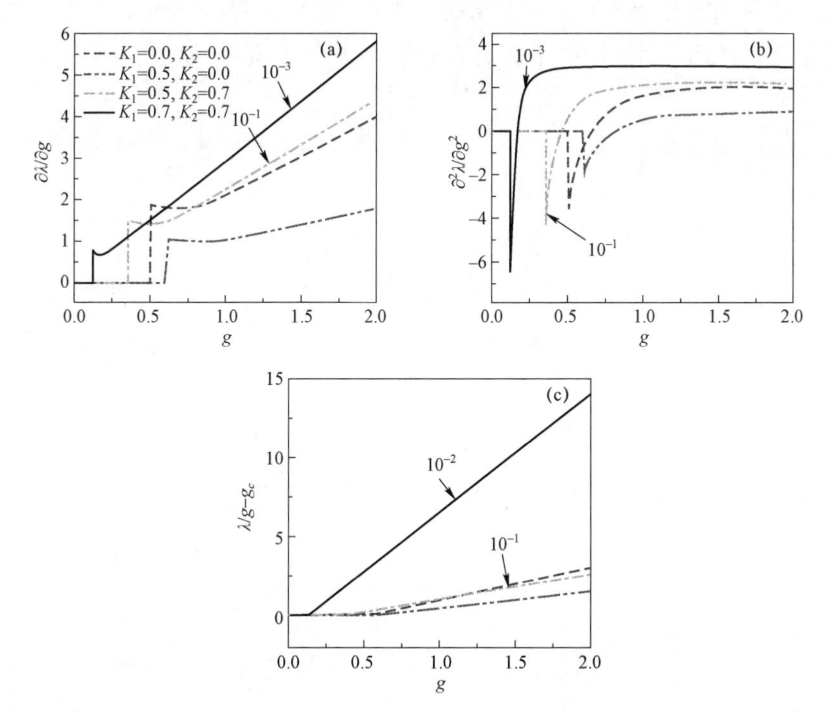

图 3.7.5　$\partial\lambda/\partial g$ (a)，$\partial^2\lambda/\partial g^2$ (b)，$\lambda/g\to g_c$(c) 在上述参数下作为 g 的函数图

相位中，对于任意值（K_1，K_2），贝里相位为零. 在图中显示了一阶导数 $\partial\lambda/\partial g$ (a) $\partial^2\lambda/\partial g^2$ (b) 作为 g 的函数,（$K_1=0.5$, $K_2=0.7$）的值缩小 10,（$K_1=K_2=0.7$）的值缩小 1 000; $\lambda/g \to g_c$(c) 由方程（3.7.18）可得是线性关系其中（$K_1=0.5$，$K_2=0.7$）的值除以 10，（$K_1=K_2=0.7$）的值缩小 100，在临界点 $g=g_c$ 处具有非解析性 Berry 相就充当了量子相变的指示器.

3.7.8 总结

本节分析了 Dicke 模型的扩展模型，包括两个非线性项，表示场振幅平方的实部和虚部. 通过相干态方法分析，在热力学极限下，研究了表现为量子相变的基态能量，详细分析了其与哈密顿参数的依赖关系. 此外，的模型表现出退化的参数放大效应，这体现在光子场算子的期望值中，并且对非线性参数的值有很强的敏感性，影响原子区. 它可以允许实验进入超强耦合状态，减少所需的原子场耦合参数强度. 另外，对于原子场耦合的临界值，Berry 相在基态表现出非解析性，证实了 Berry 相作为量子临界性的指示. 此外，观察到在 QPT 附近，几何相位与 N（原子数）呈线性关系. 腔场诱导的几何相位与平均光子数成正比. 因此，高平均光子数值有助于实验检测 Berry 相.

第 4 章　双模光场的 Dicke 模型

4.1　不同失谐情况下双模 Dicke 模型的基态特性

4.1.1　引言

Dicke 模型描述了 N 个两能级原子整体与单模量子化光场的相互作用，在阐明多体宏观量子态的特性方面发挥了重要的作用，该模型随着原子–光子集体耦合强度的变化呈现出从弱耦合强度的正常相到强耦合强度的超辐射相的二阶量子相变. 在高精细光学腔中的玻色–爱因斯坦凝聚体中观测到了 Dicke 量子相变，该模型在量子光学和量子信息论中有着广泛的应用.

多模腔场在量子信息学中得到了另一种扩展，并在理论和实验上展示了一定的应用. 未来的量子信息处理很可能需要这样的量子网络，它是由许多腔体组成，每个腔体都承载多个量子比特，并与之耦合. 在本节中当调整双模 Dicke 模型的双模光场相对于原子的频率失谐和原子–光子集体耦合强度变化时，可以得到丰富的相图，相图中包括了正常相和超辐射相，它们的区域有明显的不同，还有不发生量子相变的区域. 如图 4.1.1 所示.

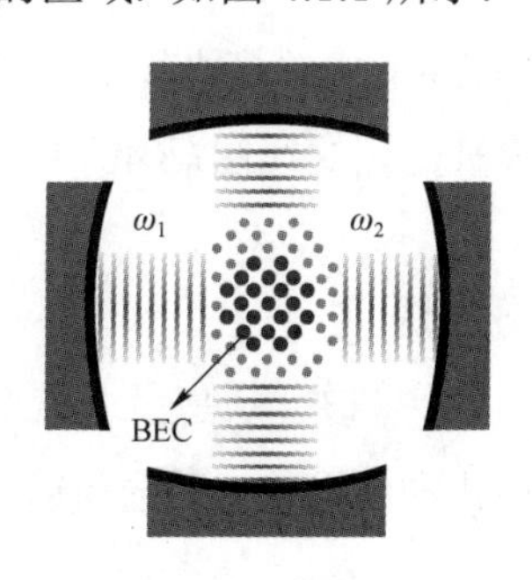

图 4.1.1　原理图

表示腔内的原子与腔模光场的相互作用，可以通过不同的偏振或不同的空间剖面来实现. 水平频率是 ω_1 而垂直频率是 ω_2 .

4.1.2 哈密顿量和平均场相干态方法

4.1.2.1 哈密顿量

在偶极近似下，双模 Dicke 哈密顿量描述了 N 个两能级原子（两能级之间的能量差相同）与两模量子化的光场相互作用，如图 4.1.1 所示，其表达式为 $(\hbar=1)$

$$H=\sum_{l=1}^{2}\omega_l a_l^{\dagger}a_l+\omega_0 J_Z+\sum_{l=1}^{2}\frac{g_l}{2\sqrt{N}}(a_l^{\dagger}+a_l)(J_++J_-) \tag{4.1.1}$$

其中，ω_0 表示有效的二能级原子的频率，ω_l 表示光场模的频率，g_l 表示原子集体与单模场的耦合强度，而 J_+, J_- 和 J_z 表示集合自旋算符. 电磁场的 l 模式是用湮灭和产生算符来描述每个模式 a_l ($a_l^{\dagger}$) $(l=1,2)$ 独立地作用在 Fock 态空间，而且满足对易关系：

$$[a_i,a_j^{\dagger}]=\delta_{i,j},[a_i,a_j]=[a_i^{\dagger},a_j^{\dagger}]=0 \tag{4.1.2}$$

角动量算子 $\{J_m:m=z,\pm\}$ 描述了能级分裂的两能级原子的集合， $j=N/2$ 表示赝自旋长度的最大值.

一个标准的 Dicke 模型单模光场，由正常相到超辐射相的相变点是 $\sqrt{\omega_0\omega}$. 本节先后研究：（1）研究双模光场原子跃迁频率相等时即共振，将两个原子和场的相互作用作为参数，来探究相变的特性，第二模光场对相变的影响，并绘制相应的相图，可以得到相变点的变化量以及某些没有发生相变的区域；（2）将考虑单模光场失谐对相变和物理参量的影响；（3）考察两个光场与原子之间的相互作用参量成线性关系时，单模光场失谐参量与原子之间的相互作用的作为变量的相图和物理参量变化的线图；（4）考虑两模光场都失谐对相变和物理参量的影响.

4.1.2.2 平均场相干态变分方法

使用能量表面最小化的方法，该方法是由求模型哈密顿量相对于一些试探波函数的期望值得到的最小化的曲面构成，选择适当的试探波函数，系统的基态处在最小值.

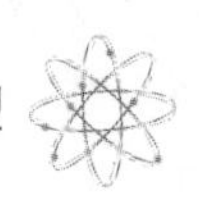

可以使用平均场相干态变分法推导出双模 Dicke 模型相变的临界点，其中基态波函数的平均场由下式给出：

$$|\psi\rangle = |\theta\rangle \otimes |\overline{\alpha}\rangle \tag{4.1.3}$$

这里，相干态的场 $|\overline{\alpha}\rangle = |\alpha_1\rangle \otimes |\alpha_2\rangle$ 定义为 $a_l|\alpha_l\rangle = \alpha_l|\alpha_l\rangle$，期望值由下式给出：

$$\langle\alpha_l|a_l^{\dagger}a_l|\alpha_l\rangle = |\alpha_l|^2, \langle\alpha_l|(a_l^{\dagger}+a_l)|\alpha_l\rangle = 2\mathrm{Re}\,\alpha_l \tag{4.1.4}$$

自旋相干态被定义为 $|\theta\rangle = e^{i\theta J_y}|j,-j\rangle$，它是算子 $\cos\theta J_z - \sin\theta J_x$ 对于特征值一 j 的本征态，也就是说：$(\cos\theta J_z - \sin\theta J_x)|\theta\rangle = -j|\theta\rangle$ 而自旋算子在相干态下的期望值由下式给出：

$$\langle J_x\rangle = j\sin\theta, \langle J_Z\rangle = -j\cos\theta \tag{4.1.5}$$

自旋相干态两个之间的叠加可以表示为：

$$\langle\theta|\chi\rangle = \cos^{2j}\frac{\theta-\chi}{2}$$

当 $j\to\infty$，且 $\theta\neq\chi$，叠加为零.

对于 $\alpha_l = q_l + ip_l, |\alpha_l|^2 = q_l^2 + p_l^2, l=1,2$ 且有 $q_l, p_l \in R$ 通过模型哈密顿量相对于状态 $|\psi\rangle, j=N/2$ 的期望值来获得的能量泛函：

$$E(q_l,p_l,\theta) = \sum_{l=1}^{2}\omega_l(q_l^2+p_l^2) - \frac{N}{2}\omega_0\cos\theta + \sqrt{N}\sin\theta\sum_{l=1}^{2}g_l q_l \tag{4.1.6}$$

能量泛函的临界点是由其一阶偏导数等于零得到的，对 q 和 p 的求偏导可以得到与 θ 的关系，然后找到使之最小化的临界点：

$$p_{lc} = 0 \tag{4.1.7}$$

$$q_{lc} = -\frac{\sqrt{N}g_l\sin\theta}{2\omega_l} \tag{4.1.8}$$

对式（4.1.6）的 θ 求偏导，将式（4.1.7）和（4.1.8）代入得到，再根据强度参数 g_l 和 ω_0 来确定其临界值 θ_c

$$\sin\theta_c\left(\omega_0 - \sum_{l=1}^{2}\frac{g_l^2}{\omega_l}\cos\theta_c\right) = 0 \tag{4.1.9}$$

$$\sin\theta_c = 0, \cos\theta_c = \frac{\omega_0}{\sum_{l=1}^{2}\frac{g_l^2}{\omega_l}} \tag{4.1.10}$$

然后找到使其最小化的临界点，如下：

$$\theta_c = p_{lc} = q_{lc} = 0, \omega_0 \geqslant \sum_{l=1}^{2}\frac{g_l^2}{\omega_l} \tag{4.1.11}$$

$$\left.\begin{aligned} &\cos\theta = \frac{\omega_0}{\sum_{l=1}^{2}\frac{g_l^2}{\omega_l}} \\ &q_{lc} = -\frac{\sqrt{N}g_l\sin\theta}{2\omega_l} \\ &p_{lc} = 0 \end{aligned}\right\}\omega_0 < \sum_{l=1}^{2}\frac{g_l^2}{\omega_l} \tag{4.1.12}$$

将这些值代入（4.1.6），可以得到作为哈密顿参数的函数基态能量的表达式：

$$\varepsilon = \frac{E}{N\omega_0}\begin{cases} -\frac{1}{2}, & \zeta \geqslant 1 \\ -\frac{1}{4}\left(\frac{1}{\zeta}+\zeta\right), & \zeta < 1 \end{cases} \tag{4.1.13}$$

还得到了原子相对于总体算符 J_z，$\langle J_z \rangle / N = -\frac{\cos\theta}{2}$ 的期望值.

$$\Delta n_a = \frac{\langle J_z \rangle}{N} = \begin{cases} -\frac{1}{2}, & \zeta \geqslant 1 \\ -\frac{1}{2}\zeta, & \zeta < 1 \end{cases} \tag{4.1.14}$$

$$n_{pl} = \frac{q_l^2}{N} = \begin{cases} 0, & \zeta \geqslant 1 \\ \frac{\omega_0 g_l^2}{4\varsigma\omega_l^2}\left(\frac{1}{\zeta}-\zeta\right), & \zeta < 1 \end{cases} \tag{4.1.15}$$

其中，

$$\zeta = \cos\theta = \frac{\omega_0}{\varsigma}, \varsigma = \sum_{l=1}^{2}\frac{g_l^2}{\omega_l}$$

假设取 $E_+(q_l, p_l, \theta) = \sum_{l=1}^{2}\omega_l(q_l^2 + p_l^2) + \frac{N}{2}\omega_0\cos\theta + \sqrt{N}\sin\theta\sum_{l=1}^{2}g_l q_l$

$$\theta_c = p_{lc} = q_{lc} = 0, \omega_0 \leqslant -\sum_{l=1}^{2} \frac{g_l^2}{\omega_l} \text{无解.}$$

4.1.3　基态的相图和物理量

4.1.3.1　首先考虑共振

双模 Dicke 模型系统仍然存在从 NP 到 SP 的量子相变. 即当 $\omega_1 = \omega_2 = \omega_0$ 时，基态的能量“ε”，作为耦合强度参数 g_l 的函数来分析哈密顿量. 因此，一个系统的 QPT 是由区域边界来确定的，在这个区域内 $\partial^n \varepsilon / \partial g_l^n$ 对于某些 n 是不连续的（被称为相变的阶数）.

取 $g_2=(1+\delta)g_1$， g_1 与能量的一阶偏导数及二阶偏导数的关系分别为：

$$\frac{\partial \varepsilon}{\partial g_1} = \begin{cases} 0, & \zeta \geqslant 1 \\ -\dfrac{g_1}{\omega_0 \omega_1}(1-\zeta^2), & \zeta < 1 \end{cases} \tag{4.1.16}$$

$$\frac{\partial^2 \varepsilon}{\partial g_1^2} = \begin{cases} 0, & \zeta \geqslant 1 \\ -\dfrac{(1-\zeta^2)}{\omega_0 \omega_1} - \dfrac{4 g_1^2}{\omega_0^2 \omega_1^2} \zeta^3, & \zeta < 1 \end{cases} \tag{4.1.17}$$

图 4.1.2 中，（a）基态能量的一阶偏导数 $\partial \varepsilon(\omega_l, g_1) / \partial g_1$ 以及（b）二阶偏导数 $\partial^2 \varepsilon(\omega_l, g_1) / \partial g_1{}^2$ 是耦合强度 g_1的函数（b）图相变点 g_{1c} 左边表示正常相，相变点 g_{1c} 右边表示超辐射相.

从一阶偏导数和二阶偏导数的线图，可看出：在共振当 $\omega_1 / \omega_0 = \omega_2 / \omega_0 = 1$ 时，δ 取不同的固定值，则 g_{1c} 满足边界条件 $\dfrac{g_{1c}}{\omega_0} = \sqrt{\dfrac{1}{(1+(1+\delta)^2)}}$.

在图 4.1.2 中，可以看到基态能量的一阶偏导数 $\partial \varepsilon / \partial g_1$ 是连续的. 基态能量的二阶偏导数 $\partial^2 \varepsilon / \partial g_1^2$ 是不连续的，属于二阶量子相变.

原子布居数分布 Δn_a 是耦合强度 g_1, g_2 的函数，白色区域表示正常相，用 NP 表示，彩色区域表示超辐射相，用 SP 表示.

图 4.1.3 中，相变点 $g_2 = 0$, $g_{c0} / \omega_0 = 1.0$, 是标准 Dicke 模型的相变点，而且当选定 g_1 / ω_0 数值时，总能找到对应的 g_2 / ω_0 可以发生相变和完全处在超辐射区域的值.

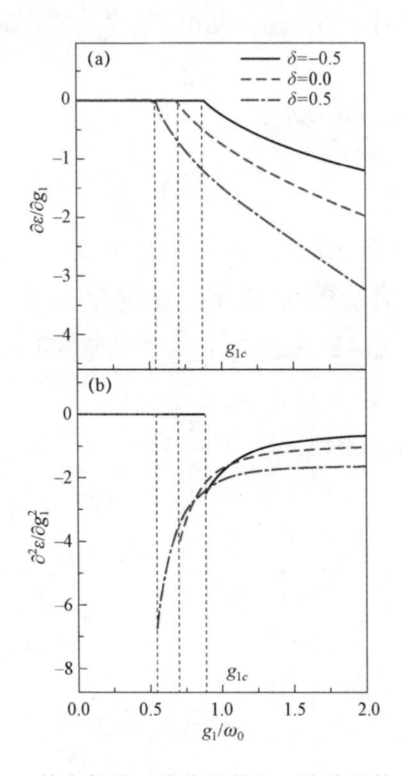

图 4.1.2　基态能量一阶偏导数和二阶偏导数的线图

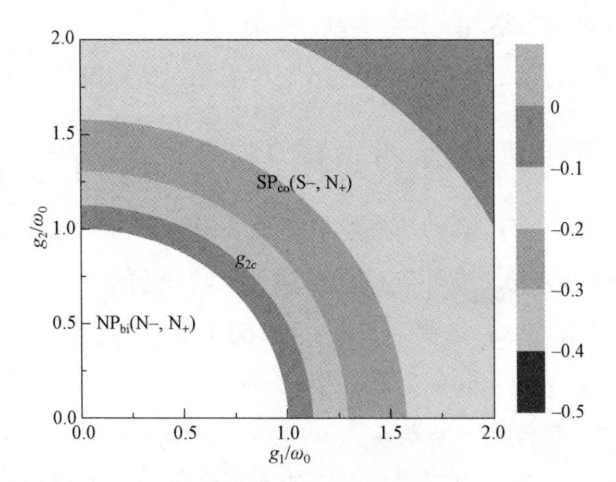

图 4.1.3　共振时的相图

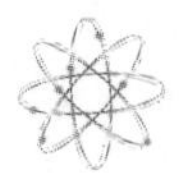

4.1.3.2　失谐中的相图

第二模腔频失谐

根据第一模腔频率 $\omega_1=\omega_0$ 和第二模光场的频率 ω_2 是变化的，Δ 为失谐参量，它们满足以下的关系式：

$$\omega_2 = \omega_0 + \Delta \tag{4.1.18}$$

分别取失谐参量 $\Delta/\omega_0 = \mp 0.3$ 的相图中可以看出：当 $g_2 = 0$ 相变临界点 $g_{1c}/\omega_0 = \sqrt{\omega_0\omega_1} = 1$，而这一临界点与标准 Dicke 模型相变的临界点是保持一致的. 但其他的相变点 $g_{2c}/\omega_0 = \sqrt{\omega_0\omega_2} \neq 1$ 已经受到失谐 Δ 的影响，而且，从 NP 到 SP 的相边界存在由光场失谐引起的位移.

图 4.1.4 表示当 $\omega_1/\omega_0 = 1, \omega_2/\omega_0 = 1+\Delta/\omega_0$（a）$\Delta/\omega_0 = -0.3$（b）$\Delta/\omega_0 = -0.3$ 时原子布居数 Δn_a 随着原子集体－光子的耦合强度 g_1 和 g_2 的函数变化曲面.

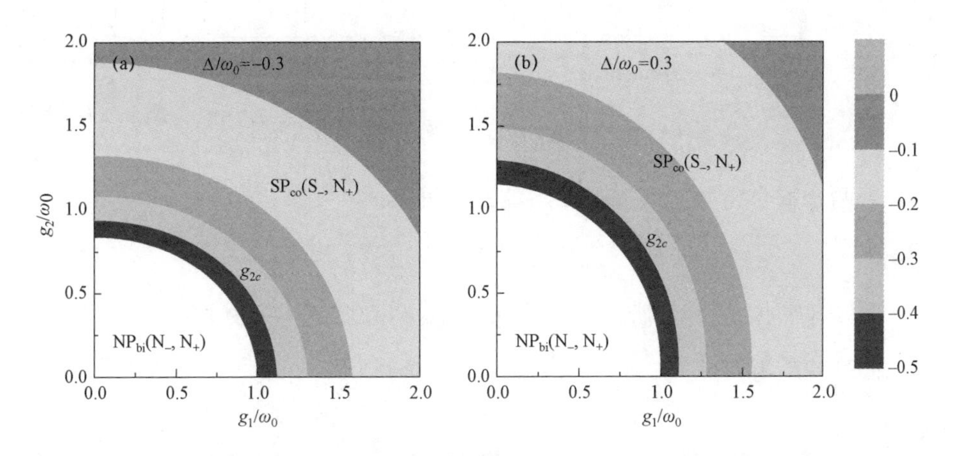

图 4.1.4　原子布居数分布 Δn_a 是原子集体－光子耦合强度 g_1 和 g_2 的函数

图 4.1.4 展示了与失谐 Δ 相关联的原子布居数随耦合强度 g_2 和 g_1 变化的曲面图，而且可以看到正常相位（a）的范围较小，正常相位（b）的范围较大，相变的变化曲线也已经改变.

图 4.1.5（a）平均光子数 n_{p1} 和（b）平均光子数 n_{p2}（c）原子布居数 Δn_a 和（d）平均基态能量 ε 对于原子－场耦合强度 g_1 且有 $g_1 = g_2$ 时在失谐为 $\Delta/\omega_0 = -0.3, 0, 0.3$ 的示意图.

图 4.1.5 中双模 Dicke 模型有两种光子数分布，原子布居数分布和基态能量，以及在耦合强度 $g_1 = g_2$ 的分布情况，相变点和强度变化与失谐 Δ 有关. 相变点的移动与图图 4.1.4 一致.

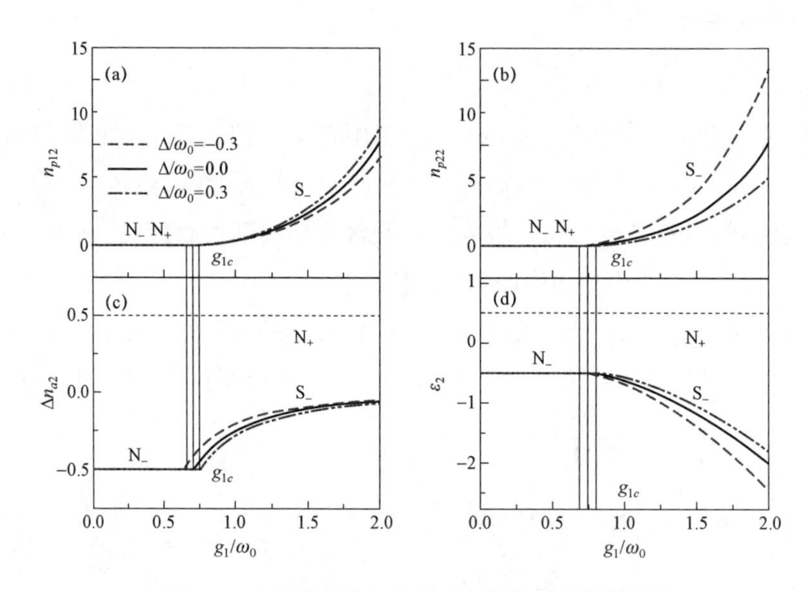

图 4.1.5　单模光场失谐量确定的物理量的线图

若两个耦合常数之间满足如下的线性关系：

$$g_2 = (1+\delta)g_1 \tag{4.1.19}$$

图 4.1.6 中表示当耦合强度为 $g_2 = (1+\delta)g_1$,(a)$\delta = -0.5$,(b)$\delta = 0$,(c)$\delta = 0.5$ 时，原子布居数分布 Δn_a 是原子集体－光子耦合强度 g_1 和失谐 Δ 的函数

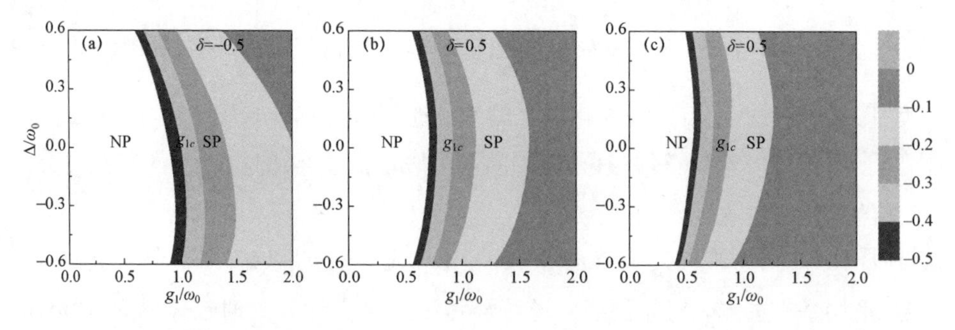

图 4.1.6　原子布居数分布 Δn_a 是原子集体－光子耦合强度 g_1 和失谐 Δ 的函数

在图 4.1.6 中当原子－场耦合强度小于 g_{1c} 时，原子总体（白色区域）代表正常相双稳区域，在 $g_1 > g_{1c}$ 时彩色区域代表超辐射和反转正常相的共存区域.当不同的参数小于零($\delta < 0$)（或大于零 $\delta > 0$），时图 4.1.6（a），图 4.1.6（b）和图 4.1.6（c）的边界不同，布居数分布的情况也不同.

将双模腔（4.1.18）的频率关系和两个原子－场耦合强度（4.1.19）之间的关系代入方程式（4.1.15），可以得到双模腔的平均光子数关系分别为：

$$n_{p12} = \frac{1}{4}\left(\left(\frac{g_1}{\omega_0}\right)^2 - \frac{1}{\left(\frac{g_1}{\omega_0}\right)^2 f^2(\Delta,\delta)}\right) \tag{4.1.20}$$

$$n_{p22} = \left(\frac{(1+\delta)}{1+\frac{\Delta}{\omega_0}}\right)^2 \left[\frac{g_1^2}{4\omega_0^2} - \frac{\omega_0^2}{4g_1^2 f^2(\Delta,\delta)}\right] \tag{4.1.21}$$

其中，

$$f(\Delta,\delta) = 1 + \frac{(1+\delta)^2}{1+\frac{\Delta}{\omega_0}} \tag{4.1.22}$$

而原子布居数分布：

$$\Delta n_{a2} = -\frac{1}{2\left(\frac{g_1}{\omega_0}\right)^2 f(\Delta,\delta)} \tag{4.1.23}$$

得到每个原子的平均能量：

$$\varepsilon_2 = -\frac{\omega_0^2}{4g_1^2 f(\Delta,\delta)} - \frac{g_1^2 f(\Delta,\delta)}{4\omega_0^2} \tag{4.1.24}$$

图 4.1.7(a1)(b1)平均光子数 n_{p1} 和 (a2)(b2)n_{p2} (a3)(b3) 原子布居数分布 Δn_a 和 (a4)(b4) 平均能量 ε_2 对于原子－场耦合强度 g_1 和 $\Delta/\omega_0 = 0.3, -0.3$， $g_2 = (1+\delta)g_1$， (a1)－(a4)$\delta = -0.5$, (b1)－(b4)$\delta = 0.5$ 的示意图.

图 4.1.7 中描述了平均光子数 (a1)n_{p12} 和 (a2)n_{p22} 的变化，原子布居数分布 (a3)Δn_a 以及平均能量 (a4)ε_2 并用原子耦合强度 g_1 来表示失谐 $\Delta/\omega_0 = -0.3$，0，0.3 及用原子－场耦合 g_2， $g_2 = (1+\delta)g_1$ 在不同参数 $\delta = -0.5$(a), 0.5(b) 的图示.无论是频率失谐还是原子－场耦合不同参数都仅改变 NP 和 SP 之间的相边界

曲线. 而正失谐和负失谐会使相边界曲线沿原子－场耦合强度 g_1 向右或向左移动，且移动的宽度与两模光场共振时的情况对称 $(\Delta/\omega=0)$.

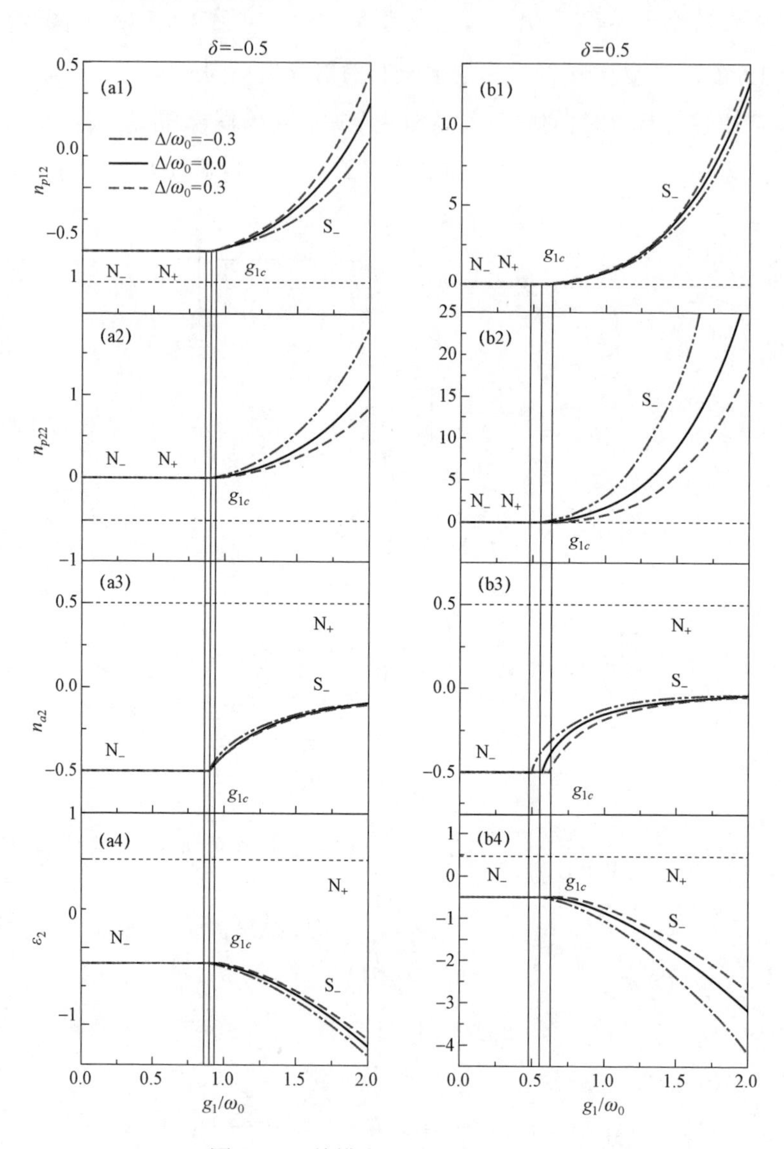

图 4.1.7　单模失谐时物理量的线图

双模腔频都失谐

根据原子频率 ω_0 和场原子失谐 Δ，假设双模腔频率为 ω_1 和 ω_2，且有：

$$\omega_1=\omega_0-\Delta,\ \ \omega_2=\omega_0+\Delta \tag{4.1.25}$$

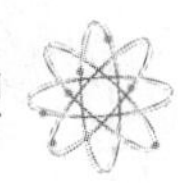

而且，两个原子－场耦合强度仍然满足上述关系式（4.1.19）.

将式（4.1.25）和（4.1.19）代入方程（4.1.15）可以得到平均光子数：

$$n_{p13}=\frac{\left(\frac{g_1}{\omega_0}\right)^2}{4\left(1-\frac{\Delta}{\omega_0}\right)^2}-\frac{1}{4\left(\frac{g_1}{\omega_0}\right)^2 h^2(\Delta,\delta)} \tag{4.1.26}$$

$$n_{p23}=(1+\delta)^2\left(\frac{\left(\frac{g_1}{\omega_0}\right)^2}{4\left(1+\frac{\Delta}{\omega_0}\right)^2}-\frac{\left(\frac{1-\frac{\Delta}{\omega_0}}{1+\frac{\Delta}{\omega_0}}\right)^2}{4\left(\frac{g_1}{\omega_0}\right)^2 h^2(\Delta,\delta)}\right) \tag{4.1.27}$$

其中，

$$h(\Delta,\delta)=1+(1+\delta)^2\frac{1-\frac{\Delta}{\omega_0}}{1+\frac{\Delta}{\omega_0}} \tag{4.1.28}$$

此时原子布居数分布：

$$\Delta n_{a3}=-\frac{\left(1-\frac{\Delta}{\omega_0}\right)}{2\left(\frac{g_1}{\omega_0}\right)^2 h(\Delta,\delta)} \tag{4.1.29}$$

可以得到每个原子的平均能量：

$$\varepsilon_3=-\frac{\left(1-\frac{\Delta}{\omega_0}\right)\omega_0^2}{4g_1^2 h(\Delta,\delta)}-\frac{g_1^2 h(\Delta,\delta)}{4\omega_0^2\left(1-\frac{\Delta}{\omega_0}\right)} \tag{4.1.30}$$

图 4.1.8 中(彩色区域)表示当耦合强度满足 $g_2=(1+\delta)g_1$，(a)$\Delta/\omega_0=-0.3$，(b)$\Delta/\omega_0=0$, (c)$\Delta/\omega_0=0.3$ 时原子布居数分布 Δn_a 是原子集合－光子耦合强度 g_1 和失谐 δ 的函数.

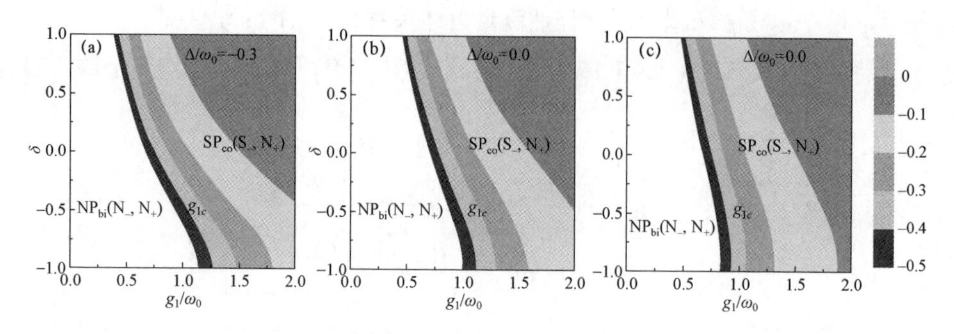

图 4.1.8　双模都失谐的相图

将图 4.1.8 与仅有第二模失谐（如图 4.1.6 所示）的情况相比，可以发现双模都失谐仅影响到相变点的位置和原子数布居数的分布.

当原子－场耦合参数 $\delta=-1$ 时，在图 4.1.8(b)的共振情况下，从 NP 到 SP 的相变点为 $g_{1c}/\omega_0=\sqrt{\omega_1/\omega_0}=1.0$ 该点满足标准的 Dicke 模型. 如果频率失谐 $\Delta\neq 0$（例如在图 4.1.8(a)和图 4.1.8(c)中的 $\Delta/\omega_0=\mp 0.3$），且有 $\delta=-1$ 时相位点将发生位移，频率失谐仅影响相变点，而没有观察到新的相. 此外，不同参数也会引起相位边界的偏移，这些与图 4.1.5 和图 4.1.6 所描述的情况是一致的.

图 4.1.9 进一步详细地描述了原子－场耦合不同参数的影响以及光场频率失谐对量子相变点的影响. 而且还绘制了平均光子数 n_{p13}［图 4.1.9（1）］和 n_{p23}［（2）］，以及作为原子－场耦合强度 g_1 在失谐为 $\Delta/\omega_0=-0.3,0,0.3$ 的函数原子布居数 Δn_{a3} ［（3）］ 的平均基态能量分布 ε/ω_0 ［（4）］. 原子－场耦合参数和原子频率失谐都能使相变点在 $\delta<0$ 且 $\Delta>0$ 时（或者 $\delta>0$ 且 $\Delta<0$ ）都向左移动，但没有出现新的相.

4.1.4　结论

综上所述，研究了双模 Dicke 模型中的基态特性. 在 N 个冷原子同时耦合到两个量子化腔模光场中，展示了相关的相图. 此外，光场相对于原子跃迁频率的失谐已经影响光子数，原子布居数和基态能量分布，当采取不同的原子－场耦合常数之间的关系时也会影响. 平均场相干态变分法在原子系综和腔场系统宏观量子性质的理论研究中具有优势，因为它产生了一个单参数变分能量函数，而这一点严格地实现了 MMQS 的解析解.

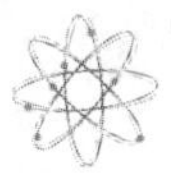

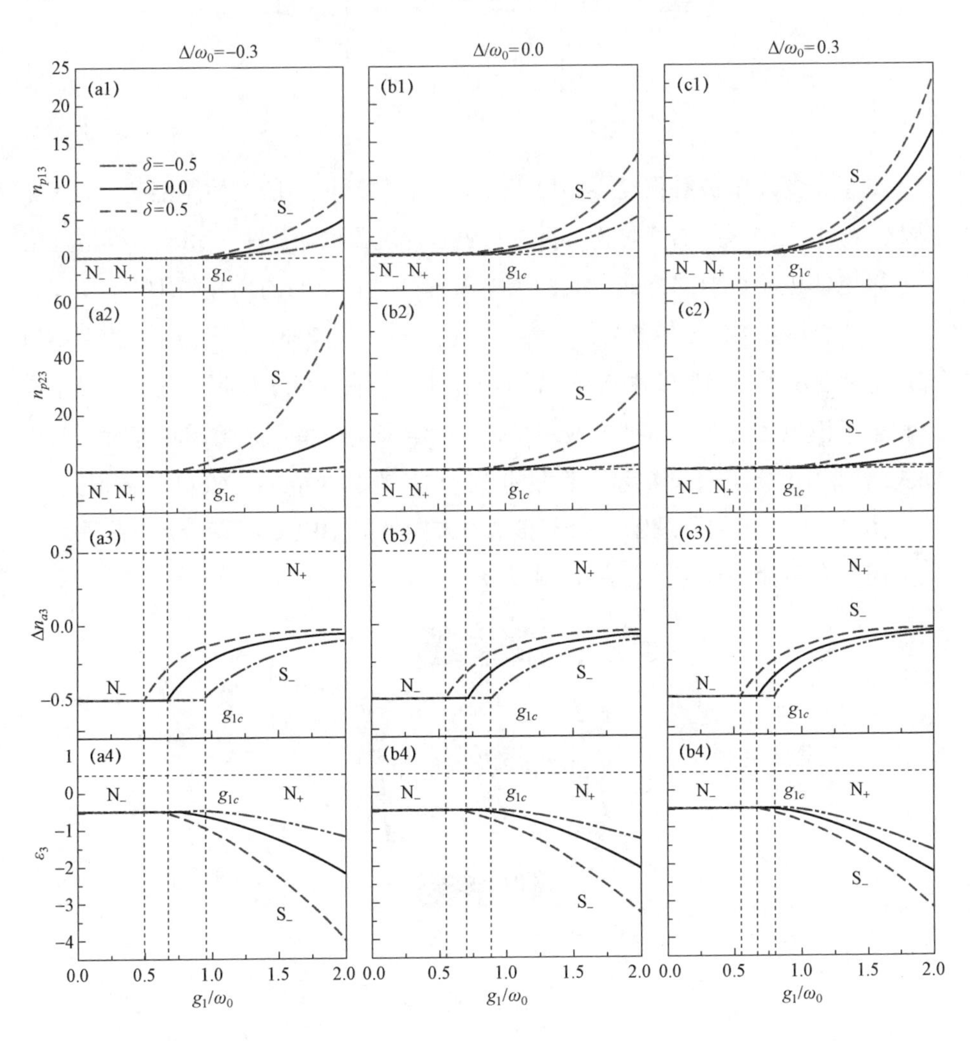

图 4.1.9 （a1）（b1）（c1）平均光子数 n_{p13} 和（a2）（b2）（c2）平均光子 n_{p23} （a3）（b3）（c3）原子布居数分布 Δn_{a3} 以及（a4）（b4）（c4）平均能量 ε_3/ω_0 相对于原子－场耦合强度 $g_1, g_2=(1+\delta)g_1, \delta=-0.5, 0.5$ 且失谐为 $\text{(a1)}-\text{(a4)}\Delta/\omega_0=-0.3$, $\text{(b1)}-\text{(b4)}\Delta/\omega_0=0$, $\text{(c1)}-\text{(c4)}\Delta/\omega_0=0.3$ 的示意图.

4.2 双模光腔中非线性相互作用引起的量子相变和共存态的特性

4.2.1 引言

量子相变通常被看作是零温度下系统基态物理性质的突然剧烈变化，这是因为系统中一些参数的变化而导致的. 在这种现象的研究中，Dicke 模型是由于它以电偶极子近似的方式，刻画了电磁辐射与物质间的相互作用.

多模腔场是 Dicke 模型另一非常具有研究价值的延伸，多模 Dicke 模型不但在理论上展现了令物理学家感兴趣的研究价值，还在实验上展示了它对于量子信息和量子模拟也有非常重要的应用价值. 近年来，在耦合系数不相等时，两模 Dicke 模型中的量子相变揭示了隐藏的连续对称性和 Nambu—Goldstone 模式.

图 4.2.1 提出的原理图，用于在水平方向上的 BEC 腔频率 ω_2，在垂直方向上用横向泵浦激光器来控制腔频率 ω_1.

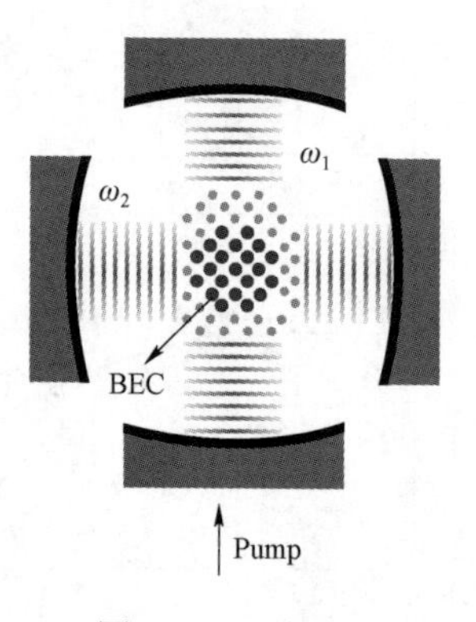

图 4.2.1　原理图

本节中，用自旋相干态变分法，正常自旋态可引起由正常相到超辐射相的转变，反转自旋态可引起超辐射相到正常相的相变，以及原子布居数反转和多种相共存态存在.

4.2.2 模型和系统哈密顿量

实现双模 Dicke 模型的方法，可以参考文献，系统为四能级超冷原子系综

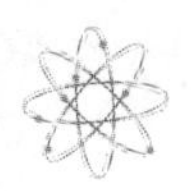

在腔内的适当位置，腔频是ω_1，在具有横向泵浦频率ω_p的高精细光学腔作用在垂直方向，在水平方向上由频率为ω_2的高精细单模光学腔组成. 如图 4.2.1 所示，超冷原子相干地将泵浦光进到与位置相关的腔态. 垂直方向有腔频为ω_2的光场和频率为ω_p的泵浦激光. 大失谐情况下，其中两个激发态能够被绝热地消除掉，形成了一个二能级系统. 在光学腔中，设所有超冷原子与单模场在耦合系数相等时耦合. 因此，系统被简化为

$$H = H_{\mathrm{DM}} + \frac{U}{N} J_z a_1^{\dagger} a_1 \tag{4.2.1}$$

在其中H_{DM}是标准的双模 Dicke 模型哈密顿量，U是原子–光子非线性相互作用强度.

（4.2.1）式的试探波函数$|u\rangle = |\alpha_1\rangle \otimes |\alpha_2\rangle$是光场相干态$a_l|\alpha_l\rangle = \alpha_l|\alpha_l\rangle$ $l=1,2$的直积使得$\bar{H}(\alpha_1,\alpha_2) = \langle u|H|u\rangle$.

$$\bar{H}(\alpha_1,\alpha_2) = \omega_1\gamma_1^2 + \omega_2\gamma_2^2 + H_{\mathrm{sp}} \tag{4.2.2}$$

其中

$$H_{\mathrm{sp}} = \left(\omega_a + \frac{U}{N}\gamma_1^2\right) J_z + \frac{g}{\sqrt{N}} \sum_{l=1,2} \gamma_l \cos\theta_l (J_+ + J_-) \tag{4.2.3}$$

是一个有关自旋的有效哈密顿量，假设复数特征值α_1,α_2为

$$\alpha_l = \gamma_l e^{i\theta_l}, \quad l = 1,2 \tag{4.2.4}$$

通过 SCS 对角化能够将总有效自旋哈密顿量对角化. 利用变分条件，能确定试探波函数$|u\rangle$中实的变化参数θ_1,θ_2.

4.2.3 基态能量泛函

经由自旋相干态变分法可得能量泛函

$$E_{\mp}(\gamma_1,\gamma_2) = \langle\psi|H|\psi\rangle = \omega_1\gamma_1^2 + \omega_2\gamma_2^2 \mp \frac{N}{2}\sqrt{\left(\omega_a + \frac{U}{N}\gamma_1^2\right)^2 + \frac{4g^2}{N}(\gamma_1+\gamma_2)^2} \tag{4.2.5}$$

双模光场之间有线性关系且满足条件

$$\gamma_1^2 + \gamma_2^2 = \gamma^2, \gamma_1^2 = \gamma^2\cos^2\varphi, \gamma_2^2 = \gamma^2\sin^2\varphi \tag{4.2.6}$$

式（4.2.5）改为

$$E(\gamma,\varphi)=\gamma^2(\omega_1\cos^2\varphi+\omega_2\sin^2\varphi)$$

$$\mp\frac{N}{2}\sqrt{\left(\omega_a+\frac{U\cos^2\varphi}{N}\gamma^2\right)^2+\frac{4\gamma^2g^2}{N}(\cos\varphi+\sin\varphi)^2}\tag{4.2.7}$$

设

$$\cos^2\varphi=1,\sin^2\varphi=0,$$

原子和光场之间非线性相互作用能量函数为

$$E(\gamma)=\omega_1\gamma^2\mp\frac{N}{2}\sqrt{\left(\omega_a+\frac{U}{N}\gamma^2\right)^2+\frac{4\gamma^2g_1^2}{N}}\tag{4.2.8}$$

回到单模光场和非线性相互作用模型，采取

$$\omega'=\omega_1\cos^2\varphi+\omega_2\sin^2\varphi,\ \ U'=U\cos^2\varphi\tag{4.2.9}$$

$$g'=g(\cos\varphi+\sin\varphi)\tag{4.2.10}$$

式（4.2.7）变成

$$E_{\mp}(\gamma)=\langle\psi|H|\psi\rangle=\omega'\gamma^2\mp\frac{N}{2}\sqrt{\left(\omega_a+\frac{U'}{N}\gamma^2\right)^2+\frac{4g'^2\gamma^2}{N}}\tag{4.2.11}$$

（4.2.11）式中 γ 的一阶偏导

$$\frac{\partial E}{\partial\gamma}=\gamma\left[2\omega'\mp\frac{U'\left(\omega_a+\frac{U'}{N}\gamma^2\right)+2g'^2}{2\sqrt{\left(\omega_a+\frac{U'}{N}\gamma^2\right)^2+\frac{4g'^2\gamma^2}{N}}}\right]=0\tag{4.2.12}$$

极值条件，总是拥有零光子数解 $\gamma=0$，这就产生了 $\mathrm{NP}(\gamma_{n\mp}=0)$ 只有当它与正二阶导数稳定时，即 $\frac{\partial^2E_{\mp}}{\partial\gamma^2}>0$．表示 NP 状态 $\gamma_{n\mp}=0$．$N_{\mp}$ 发现非零光子数解为

$$\gamma_{s\mp}^2=\frac{1}{U'^2}\frac{-(2g'^2+U'\omega_a)\pm4g'\sqrt{\omega'^2\zeta\varsigma}}{\varsigma}\tag{4.2.13}$$

这里

$$\zeta = 4g'^2 + U'\omega_a,\quad \varsigma = 4\omega'^2 - U'^2 \tag{4.2.14}$$

在二阶偏导数中 $\gamma_{s\mp}^2$ 的解也是分析得出的

$$\frac{\partial^2 E_\mp}{\partial \gamma^2} = \pm\varsigma \frac{\gamma_{s\mp}^2}{g'}\sqrt{\frac{\varsigma}{\zeta}} \tag{4.2.15}$$

表示为 $S_\mp$ 的 SPs 由正光子数式（4.2.13），和二阶偏导数式（4.2.15）. 用非零光子解代替式（4.2.13），回到极值条件式（4.2.12），很容易找到必要的条件，

$$\omega' > 0,\ 4\omega'^2 - U'^2 > 0 \tag{4.2.16}$$

和

$$\omega' < 0,\ 4\omega'^2 - U'^2 < 0 \tag{4.2.17}$$

满足正常状态 (⇓) 解 γ_{s-}^2 和反转态 (⇑)γ_{s+}^2. 它可能是 s 值有效的解决方案，因此被诱导反转状态 (⇑) 的 γ_{s+}^2 仅当 $U \lneqq 0$ 时可能通过非线性相互作用. 边界线可以从方程中确定

$$\frac{\partial E_\mp(\gamma = 0)}{\partial \gamma} = 0 \tag{4.2.18}$$

相边界满足

$$g'_{c\mp} = \sqrt{\left(\pm\omega' - \frac{U'}{2}\right)\omega_a} \tag{4.2.19}$$

代替方程式中给出的光子数. 式（4.2.13）代入式（4.2.11），在超辐射相中每个原子的平均能量的表达式是

$$\varepsilon_{s\mp} = \frac{E_{s\mp}}{\omega_a N} = \frac{1}{U'^2}\left[-(2g'^2 + U'\omega_a) \pm 4g'\omega'\sqrt{\frac{\zeta}{\varsigma}}\right]\frac{\omega'}{\omega_a} \mp \frac{g'}{\omega_a}\sqrt{\frac{\zeta}{\varsigma}} \tag{4.2.20}$$

正常相时能量为

$$\varepsilon_{s\mp}(\gamma_{s\mp}^2 = 0) = \mp\frac{1}{2} \tag{4.2.21}$$

波函数 $|\psi_\mp\rangle$ 中 SP 的平均光子数是

$$n_p = \frac{\left\langle \psi_{\mp} \middle| \sum_{l=1,2} a_l^\dagger a_l \middle| \psi_{\mp} \right\rangle}{N} = \gamma_{s\mp}^2 \tag{4.2.22}$$

而原子布居数分布为

$$\Delta n_{a\mp} = \frac{\left\langle \psi_{\mp} \middle| J_z \middle| \psi_{\mp} \right\rangle}{N} = \frac{1}{U}\left[-\omega' \pm \frac{g'}{2}\sqrt{\frac{\varsigma}{\zeta}} \right] \tag{4.2.23}$$

正常相的值为

$$\Delta n_{a\mp}(\gamma_{s\mp}^2) = \mp \frac{1}{2} \tag{4.2.24}$$

边界线 $g_{c\mp}$ 处的光场，完全原子布居数反转态，即 $\Delta n_{\alpha+} = 1/2$，在反转状态 (⇑) 中找到.

4.2.4 双稳态和原子数反转（蓝移）

参数选自参考文献中的值，非线性相互作用值在一个宽的区域内扩展，$U \in [-80, 80]$. 原子频率和集体原子与光场耦合强度分别是 $\omega_a = 1$、$g \in [0,10]$ 单位是 MHz. 蓝失谐时腔场 $\Delta / \omega_a = -20$，常数 $\beta = 7/6$，有效频率为 $\frac{\omega_1}{\omega_a} = \frac{\Delta}{\omega_a} + \frac{7U}{6\omega_a}, \Delta / \omega_a = -20, \frac{\omega_2}{\omega_a} = 1$

图 4.2.2 蓝失谐的相图，$\Delta / \omega_a = -20$（a）—（b）. $\mathrm{NP_{bi}(N_-, N_+)}$ 表示双稳态 NP，$\mathrm{SP_{co}(S_-, N_+)}$ 表示 $\mathrm{S_-}$ 与 $\mathrm{N_+}$ 共存的 SP. 找到具有完全原子数反转的 $\mathrm{N_+}$ 的单个 NP 在 $U / \omega_a = 30, 29.5, 28.5, 25.5$ 之间，相界 g_{c+}. $U / \omega_a = 12, 11.8, 11.4, 10.2$. 在曲线 g_{c+} 下发现不稳定的宏观真空（UMV）.

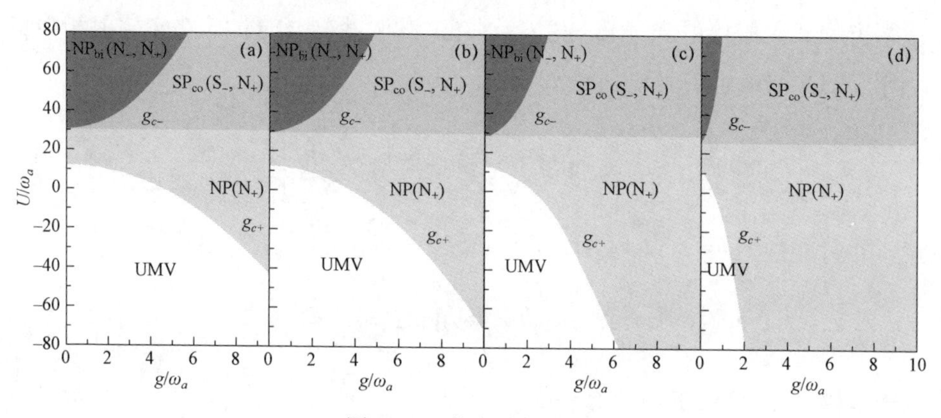

图 4.2.2　蓝失谐的相图

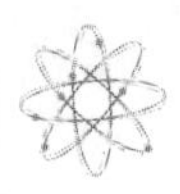

表 4.2.1　蓝失谐相应图形的参数（g 作变量）

	φ	$\cos^2\varphi$	$\sin^2\varphi$	$\cos\varphi$	$\sin\varphi$	$\frac{g_{c-}}{\omega_a}$	$\frac{g_{c+}}{\omega_a}$
a	0	1	0	1	0	$0.577\sqrt{\frac{2U}{\omega_a}-60}, \frac{U}{\omega_a}>30$	$0.577\sqrt{60-\frac{5U}{\omega_a}}, \frac{U}{\omega_a}<12$
b	$\frac{\pi}{6}$	$\frac{3}{4}$	$\frac{1}{4}$	$\frac{\sqrt{3}}{2}$	$\frac{1}{2}$	$0.366\sqrt{\frac{2U}{\omega_a}-59}, \frac{U}{\omega_a}>29.5$	$0.366\sqrt{59-\frac{5U}{\omega_a}}, \frac{U}{\omega_a}<11.8$
c	$\frac{\pi}{4}$	$\frac{1}{2}$	$\frac{1}{2}$	$\frac{\sqrt{2}}{2}$	$\frac{\sqrt{2}}{2}$	$0.289\sqrt{\frac{2U}{\omega_a}-57}, \frac{U}{\omega_a}>28.5$	$0.289\sqrt{57-\frac{5U}{\omega_a}}, \frac{U}{\omega_a}<11.4$
d	$\frac{\pi}{3}$	$\frac{1}{4}$	$\frac{3}{4}$	$\frac{1}{2}$	$\frac{\sqrt{3}}{2}$	$0.211\sqrt{\frac{2U}{\omega_a}-51}, \frac{U}{\omega_a}>25.5$	$0.211\sqrt{51-\frac{U}{\omega_a}}, \frac{U}{\omega_a}<10.2$

在表 4.2.1（a）—（d）相应图形的参数为

$$\frac{1}{\sqrt{3}}\sqrt{\frac{2U}{\omega_a}-60},\ \frac{1}{\sqrt{4+2\sqrt{3}}}\sqrt{\frac{2U}{\omega_a}-59},\ \frac{1}{2\sqrt{3}}\sqrt{\frac{2U}{\omega_a}-57},\ \frac{1}{\sqrt{12+6\sqrt{3}}}\sqrt{\frac{2U}{\omega_a}-51}.$$

φ 增加时，g_{c-} 和 g_{c+} 的 U 值较小. 但两个 U 之间的差距变小. 当然，g 可以看作变量. 在图 4.2.2 中，随着 U 的减小而增加. 反转状态 $(\Uparrow)$ N_+ 的 NP 一直保持在边界曲线 g_{c+} 之上. 有正常相的双稳态，可以用 $\mathrm{NP_{bi}}(\mathrm{N}_-,\mathrm{N}_+)$ 代替. 具有较低能量的 N_- 是基态. 相应地，符号 $\mathrm{SP_{co}}(\mathrm{S}_-,\mathrm{N}_+)$ 意味着 S_- 的 SP 与 N_+ 共存，因为 S_- 是较低能态. 本节观察到的双稳态 MMQS 与非平衡 QPT 的动态研究一致，在该地区之间，$U=30$（a）和曲线 g_{c+} 的线只有单个 N_+ 的 NP 具有完全的粒子数反转，由非线性相互作用引起的是一个新的观测. 由于必要条件（4.2.16）式，因此不存在用于反转状态的 S_+，蓝色失谐无法实现. 相界 g_{c+} 以下，存在零光子数的不稳定解 $(\gamma=0)$，它的解满足二阶偏导数，小于零称为不稳定的宏观真空态（UMV）. DM 中的 QPT 的特征在于平均光子数 n_p（或 γ^2），其用作有序参数，对于 SP，$n_p>0$，对于 NP，$n_p=0$. 作为比较，不同 φ 的相图绘制在图 4.2.2（b）（c）（d）中. 四个相图在质量上是相同的，但是两个阶段. 边界线 $g_{c\mp}$ 倾向于彼此接近，$\mathrm{SP_{co}}(\mathrm{S}_-,\mathrm{N}_+)$ 和 N_+ 的范围都增加，并且相应的 $\mathrm{NP_{bi}}(\mathrm{N}_-,\mathrm{N}_+)$ 和 UMV 的范围随着 φ 的增加而降低.

在表 4.2.2 中，对于给定的 $U/\omega_a=40$ 的临界点 g_{c-}，可以精确地评估 QPT

的等式（4.2.19）. N_+ 的 NP 通过临界点 g_{c-} 保持不变，因此它是低于 g_{c-} 的双稳态 $NP_{bi}(N_-,N_+)$ 但是共存状态 $SP_{co}(S_-,N_+)$.

如表 4.2.1 中的参数未改变 $U/\omega_a=40,\Delta/\omega_a=-20,\omega_1/\omega_a=80/3$，代入（4.2.23）式和（4.2.20）—（4.2.24）式每各种情况平均光子数 n_p 的线图，原子布居数 Δn_a 每个原子的平均基态能量 ε 随 g 变化.

在表 4.2.2（a）中表示列（a）中的线图后面的参数，其他类似，得到相变点 g_{c-} 的精确值. 在图 4.2.3 中，给出了平均光子数 n_p［图 4.2.3（1）]、原子布居数 Δn_a［图 4.2.3（2）]、每个原子基态平均能量 ε［图 4.2.3（3）］作为原子和光场相互作用 g 的函数在蓝失谐中 $\Delta/\omega_a=-20$ 和 $U/\omega_a=40$ 处，原子－光子场耦合强度 g. 其中实线表示正常状态 $(\Downarrow)$，点划线表示倒置状态 $(\Uparrow)$.

表 4.2.2　相变点 g_{c-} 的精确值

	φ	ω'	U'	g'	g_{c-}/ω_a
（a）	0	ω_1	U	g	2.58
（b）	$\frac{\pi}{6}$	$\frac{3\omega_1}{4}+\frac{\omega_2}{4}$	$\frac{3U}{4}$	$\frac{\sqrt{3}+1}{2}g$	1.68
（c）	$\frac{\pi}{4}$	$\frac{\omega_1+\omega_2}{2}$	$\frac{U}{2}$	$\sqrt{2}g$	1.38
（d）	$\frac{\pi}{3}$	$\frac{\omega_1}{4}+\frac{3\omega_2}{4}$	$\frac{U}{4}$	$\frac{1+\sqrt{3}}{2}g$	1.14

图 4.2.3（1）平均光子数 n_p，（2）原子布居数 Δn_a 和（3）平均基态能量 ε 的变化关于在 $\Delta/\omega_a=-20$ 的蓝失谐中 $U=40$ 的耦合常数 g，对于正常状态 $(\Downarrow)$ 的实线和用于反转状态的点划线 $(\Uparrow)$. 从 N_- 的 NP 到 S_- 的 SP 的 QPT 的临界点是 g_{c-}.

图 4.2.4 红失谐的相图，$\Delta/\omega_a=20$，（a）—（d）表示当 φ 取不同值时的相图. 反转状态 $(\Uparrow)$ S_+ 的 SP 出现时有效频率变为负值，$\omega<0$.（1）N_- 的单个 NP；（2）$SP_{co}(S_-,N_+)$.

在图 4.2.4（a）中，这两条线在点 $g_{c-}=g_{c+}(U/\omega_a>-120/7)$ 交叉，这似乎是一个临界点多个阶段. S_- 的 SP. 用 $\gamma_{s-}^2>0$ 在 $g<g_{c-}$ 和 $U/\omega_a>-12$ 区域，S_- 与 N_+ 的 NP 共存根据必要条件式（4.2.16）确定. 双稳态 $NP_{bi}(N_-,N_+)$ 位于 $g<g_{c-}$ 的区域，N_+ 的单个 NP 具有完全原子数反转.

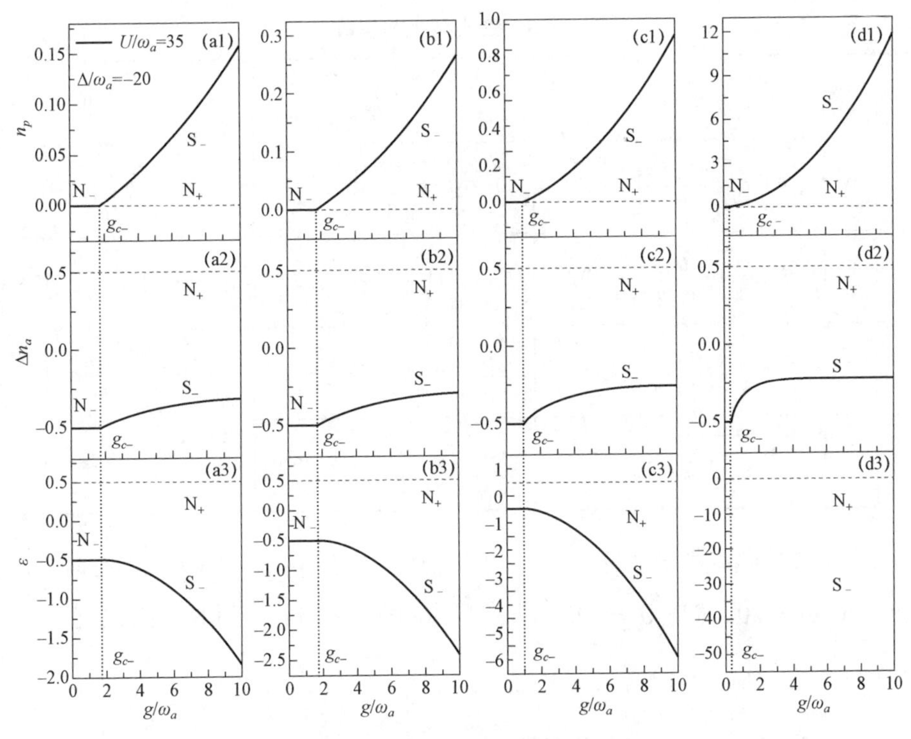

图 4.2.3　蓝失谐时的物理量线图

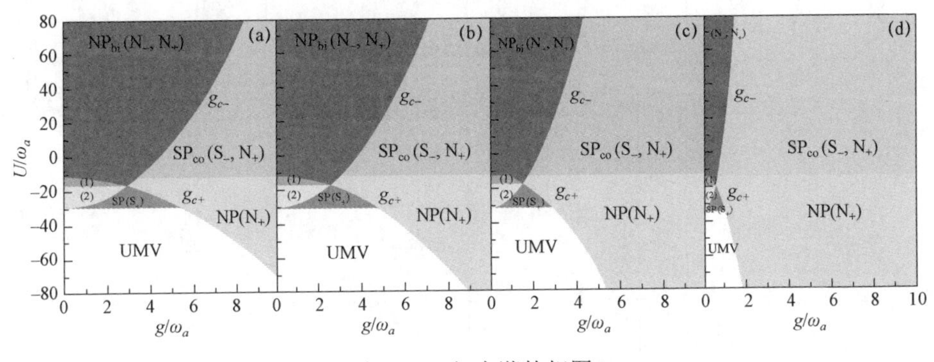

图 4.2.4　红失谐的相图

4.2.5　量子相变反转（红移）

非线性相互作用的一个有趣的方面是看是否可以在实验中实现用于反转状态 S_+ 的 SP. 为此，现在转向红失谐($\omega_p < \omega_f$)，例如 $\Delta / \omega_a = 20$. 相位边界线分别来自等式（4.2.19）作为

表 3　红失谐相图参数

	φ	g_{c-}/ω_a	g_{c+}/ω_a	$\frac{U}{\omega_a}(\omega'>0)$
a	0	$0.577\sqrt{60+\frac{2U}{\omega_a}},\frac{U}{\omega_a}>-30$	$0.577\sqrt{-60-\frac{5U}{\omega_a}},\frac{U}{\omega_a}<-12$	$20+\frac{7U}{6\omega_a}>0,\frac{U}{\omega_a}>-17.14$
b	$\frac{\pi}{6}$	$0.366\sqrt{61+\frac{2U}{\omega_a}},\frac{U}{\omega_a}>-30.5$	$0.366\sqrt{-61-\frac{5U}{\omega_a}},\frac{U}{\omega_a}<-12.2$	$\frac{1}{2}(3\omega_1+\omega_2)>0,\frac{U}{\omega_a}>17.43$
c	$\frac{\pi}{4}$	$0.289\sqrt{62+\frac{2U}{\omega_a}},\frac{U}{\omega_a}>-31.5$	$0.289\sqrt{-62-\frac{5U}{\omega_a}},\frac{U}{\omega_a}<-12.6$	$\omega_1+\omega_2>0,\frac{U}{\omega_a}>-18$
d	$\frac{\pi}{3}$	$0.211\sqrt{69+\frac{2U}{\omega_a}},\frac{U}{\omega_a}>-34.5$	$0.211\sqrt{-69-\frac{5U}{\omega_a}},\frac{U}{\omega_a}<-13.8$	$\frac{\omega_1}{2}+\frac{3\omega_2}{2}>0,\frac{U}{\omega_a}>-19.71$

图 4.2.5（1）光子数分布 n_p，（2）布居数分布 Δn_a，和（3）ε 曲线在红失谐中 $\Delta/\omega_a=20$，$U/\omega_a=-22$. 从 S_+ 的 SP 的 QPT 到 N_+ 的 NP 是反转的.

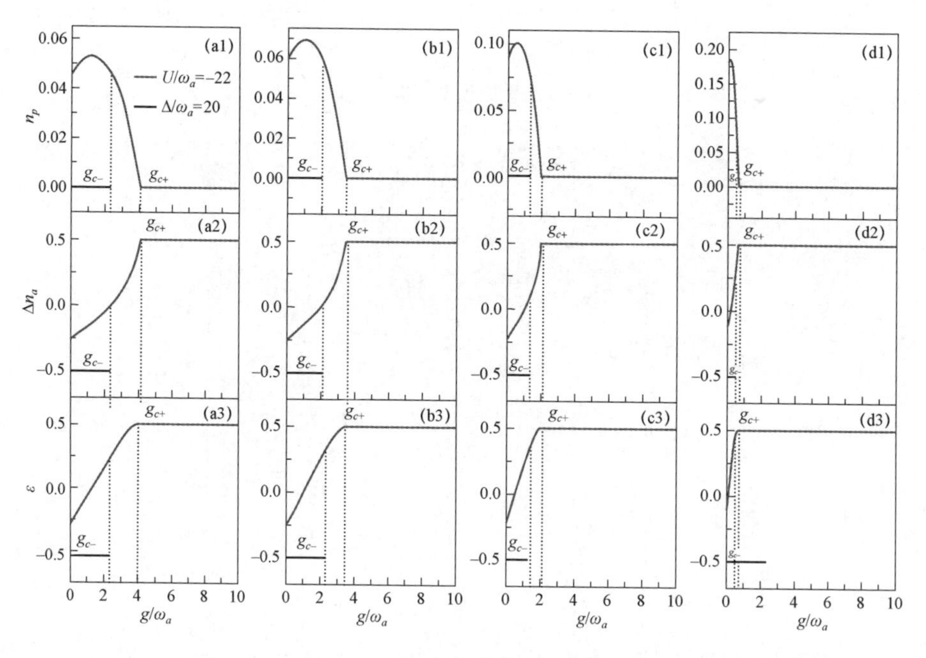

图 4.2.5　红失谐时物理量线图

图 4.2.6 不同类型的 NP 中的 QPT，通过原子数的变化 Δn_a 表示 $U/\omega_a=-15$，$\Delta/\omega_a=20$ 作为 φ 取不同的数字.

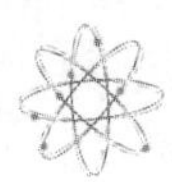

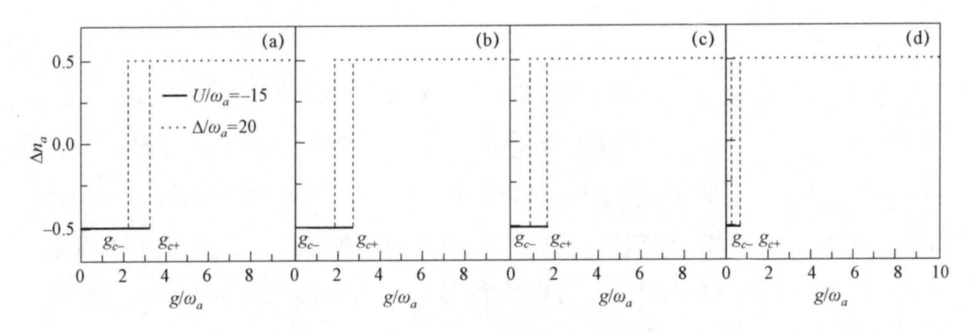

图 4.2.6　NP 中的 QPT 线图

由$U<-12$线限定［图 4.2.4（a)］和临界曲线g_{c-}和g_{c+}. 标签（1）表示单个N_-的 NP 小区域. 具有稳定解S_+的SP，在$\gamma_{s-}^2>0$区域发现$U>-30$且$U<-120/7$［图 4.2.4（a)］当$g<g_{c+}$，低于临界边界线g_{c+}时，恰好与正常状态(⇓)情况相反. 符号$NP_{co}(N_-,S_+)$，图 4.2.6（4）中标记为（2)，意味着N_-的 NP 与S_+共存，因为N_-是能量状态较低. φ取不同的相图如图 4.2.4（b)（c)（d）所示，相图也定性地与图 4.2.4（a）中的相同. 但是，两者之间的重叠区域. 随着g_2的增加，相界线g_{c-}和g_{c+}被抑制. 相图的范围类似于蓝失谐，有特殊情况下（1）和（2）的范围下跌降落.

表 4　$U/\omega_a=-22$　g_{c-}，g_{c+}值　　　　**表 5　$U/\omega_a=-15$　g_{c-}，g_{c+}值**

	φ	g_{c-}/ω_a	g_{c+}/ω_a	φ	g_{c-}/ω_a	g_{c+}/ω_a
（a）	0	2.00	4.47	0	3.16	2.24
（b）	$\frac{\pi}{6}$	1.37	2.81	$\frac{\pi}{6}$	2.04	1.37
（c）	$\frac{\pi}{4}$	1.12	2.18	$\frac{\pi}{4}$	1.65	1.00
（d）	$\frac{\pi}{3}$	0.97	1.51	$\frac{\pi}{3}$	1.31	0.52

从表 4 能够得出，g_{c-}的值小于g_{c+}. 从表 5 能够得到 g_{c-}大于g_{c+}，随g_2升高，g_{c-}和g_{c+}的值也愈来愈近.

图 4.2.4，S_+的 SP 在临界线g_{c+}的左侧. 图 5 展现了平均光子数分布n的曲线［图 4.2.5（1)］，原子数的变化Δn_a［图 4.2.5（2)］和基态能量ε［图 4.2.5（3)］对于$U/\omega_a=24$，$\Delta/\omega_a=20$. 与标准 DM 相比，临界点g_{c-}分离共存相$NP_{co}(N_-,S_+)$和单个S_+的 SP，然后随着g的增加，S_+的 SP 在临界点g_{c+}转变

为N_+的 NP.

S_+的 SP 与N_+的 NP 正好相反. 不应该对这种反向 QPT 感到惊奇，因为在存在S_+的 SP 的区域中有效频率是负的$\omega<0$. 通过调整非线性相互作用常数，例如，$U/\omega_a=-15$，不同 NP 的 QPT 也可以实现类型，如图 6，在$\Delta/\omega_a=20$条件下，从N_-的 NP 到双稳态$NP_{bi}(N_-,N_+)$发生在临界点g_{c+}/ω_a，从双稳态$NP_{bi}(N_-,N_+)$到N_+的 NP 转变遵循临界点g_{c-}. 与单模光场相比，双模光场中第二模式的影响更大，而不仅影响相变点，也影响相图中各种态的范围.

4.2.6　总结和讨论

两个光学腔中的 BEC 系统提供了一个奇妙的模型，用于研究腔 QED 的强耦合区域中的 QPT. 实验能够观测到反向 QPT、粒子数反转和双稳态 MMQS. 利用调整原子–光子相互作用强度和泵浦激光器频率的方案来达到实验目的. 只有当有效频率变为负值时，$\omega<0$，以及非零原子–光子相互作用，才存在用于反赝自旋状态的S_+的 SP. 自旋相干态变分法由于能够考虑反转和正常的赝自旋状态来揭示双稳态相，所以它在宏观量子特性的理论研究中具有很大优势. 本节研究了，双腔光腔中双模光场成一定的比例关系，当双模腔场和原子偶极近似相互作用相等时，且考虑一模腔场和光场有非线性相互作用时的基态特性. 对双稳态阶段的观察与非平衡 DM 的半经典动力学一致. 双模光场影响作用也较大，不但影响相图中各种态的范围，而且影响相变点.

4.3　用 Hessian 矩阵分析原子和场耦合系数不相等双模光机械腔中 BEC 基态特性

4.3.1　引言

2016 年 ETC 组的实验报道了用两个交叉的光腔与玻色–爱因斯坦凝聚的不同原子动量态耦合会产生连续对称的破损（超辐射的跃迁），研究了与连续对称破损相关的在相变过程中的激发态能谱，已经引起了两模光学腔的兴趣. 对此研究的有清华大学翟荟组，哈佛大学 E. Demler 组，德国的 W. Zwerger 组

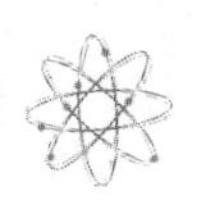

等从理论上对此做出了研究并发现了新的现象. 英国的 J. Keeling 组和墨西哥的 E. Nahmad-Achar 组等研究并提出了两模腔场与 BEC 相互作用的模式. 山西大学光谱所陈刚教授组研究了两模腔场与 BEC 的耦合，他们提出了每个腔膜耦合到一个独立的正交自旋上，在耦合系数相等且共振时会产生一级、二级量子相变和隐藏的连续对称，以及无间隙的激发态光谱. 可以从这些实验和理论中总结出两模腔场 – 原子相互作用的耦合的方法.

光学微腔是一种通过与机械振子的耦合所形成的腔光力学系统，用来增强光场与机械振子之间的相互作用的利用高品质光学腔模式. 在腔光力学 BEC 系统中，机械运动状态可以进行高精密测量. 腔光力学 BEC 系统还可以为宏观机械振子的量子操控提供技术手段，从而将量子物理的研究拓展到宏观尺度. 通过辐射压强一个腔膜和一个高质量机械振子相互耦合，产生腔光力学系统的非经典态，实现量子纠缠. 2017 年山西大学光电所张天才教授组设计研究了由激光驱动两种腔膜分别同时与可移动的镜子通过光机械相互作用，腔中放入非线性的晶体光学放大器，通过控制光学参量的过程压缩腔场，得到了通过光学放大器进而可以增强两模腔场的纠缠程度，为提供出机械振子与两模腔场耦合的方法.

BEC 的集体激发能作为机械振子耦合到腔场的实验研究为提供了研究腔光力学系统强耦合区的切入点，腔内的超冷原子跟机械振子的耦合代表了混合机械系统的一种新奇类型. 2016 我国延边大学物理系在 Scientific Reports 发表的文章和 2017 年伊朗 H.R.Baghshan 组在 Applied Optics 发表的文章，设计了混合腔光力学系统，两个光腔通过耦合强度 J 耦合在一起，一个构成光力学腔，BEC 只与一模腔场作用，为提供了研究两模腔场与机械振子耦合的方法.

研究了单模腔光力学系统中的 BEC 有两种方法，用 Holstein-Primakof 变换方法，在外光泵浦激光作用下，得到了超辐射相中的动力学不稳定相和新的量子相变的结论. 利用自 SCS 变分法也研究了封闭的单模腔光力学系统中的 BEC，得到了系统会出现光学双稳态，新奇的量子相变和超辐射相的塌缩，基态的光子学分布，原子布居数分布和基态能量的分布，相变点的特性和新出现的拐点.

根据以上实验和理论以及已有的研究成果，已经了解了两膜腔场和与原子耦合的方式，与机械振子的相互作用方式. 本文中，自旋相干态变分方法的优点是既包括正常的⇓也包括反转的⇑赝自旋态，这是多稳态所必需的. 在一个动态研究中首次证明了反转赝自旋状态，以揭示非平衡 QPT 中的多重稳态. 事实上，在非线性原子－光子存在下，反转赝自旋导致原子布居数分布的反转和反转的 QPT. 基于 SCS 变分方法，将研究两模腔光力学中光中 BEC 的基态性质，并展示了如何通过控制非线性光子－声子相互作用来控制相图，对正常相中的基态性质的影响，在超辐射相中可以增强宏观集体激发和多重稳态的共存以及两模腔场与单模腔场的不同之处.

4.3.2 双模光机械腔模型和哈密顿量

图 4.3.1 中 ω_b 是机械振子的频率，ω_1 是水平方向腔模的频率与机械振子有非线性相互作用，在垂直方向上有一个腔场，频率是 ω_2，与原子有偶级近似的相互作用. N 个二能级的 BEC ^{87}Rb 原子，其跃迁频率为 ω_a，QPT 已通过外部泵浦激光器实现. 双模光机械系统的哈密顿量（量子力学中描述系统总能量的算符）可以写成如下形式

$$H = H_{\mathrm{DM}} + \omega_b b^\dagger b - \frac{\zeta}{\sqrt{N}}(b^\dagger + b)a_1{}^\dagger a_1 \tag{4.3.1}$$

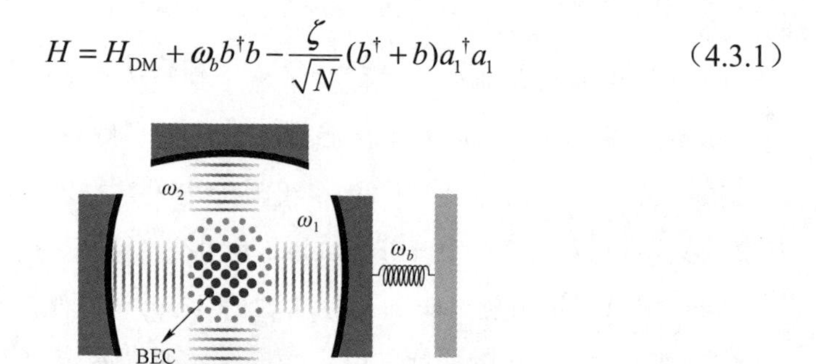

图 4.3.1　双模光机械腔 BEC 系统原理图

其中

$$H_{\mathrm{DM}}=\sum_{l=1,2}\omega_l a_l^\dagger a_l + \omega_a J_z + \frac{g}{2\sqrt{N}}\sum_{l=1,2}(a_l^\dagger + a_l)(J_+ + J_-)$$

上式是标准双模单原子 Dicke 模型的哈密顿量.

对双模光机械系统的哈密顿量（4.3.1）求平均值，试探波函数 $|u\rangle =$

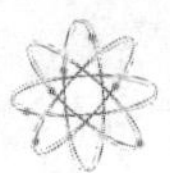

$|\alpha_1\rangle|\alpha_2\rangle|\beta\rangle$ 是光子相干态和声子相干态的直积，其中光子相干态是 $a_l|\alpha_l\rangle = \alpha_l|\alpha_l\rangle$，声子相干态是 $b|\beta\rangle=\beta|\beta\rangle$

$$H(\alpha_1,\alpha_2,\beta)=\langle u|H|u\rangle$$

即

$$H(\alpha_1,\alpha_2,\beta)=\left(\omega_1-\frac{2\zeta\rho\cos\tau}{\sqrt{N}}\right)\gamma_1^{\ 2}+\omega_2\gamma_2^{\ 2}+\omega_b\rho^2+H_{sp} \tag{4.3.2}$$

其中，

$$H_{\mathrm{sp}}=\omega_a J_z+\frac{g}{\sqrt{N}}\sum_{l=1,2}\gamma_1\cos\theta_l(J_+ + J_-) \tag{4.3.3}$$

是关于自旋集体的有效哈密顿量，本征值 α_1，α_2，β 是复数参量，定义它们是如下形式

$$\alpha_l=\gamma_l e^{i\theta_l}\text{，}\ \beta=\rho e^{i\tau}\text{，}\ l=1,2 \tag{4.3.4}$$

其中 γ_1，γ_2，θ_1，θ_2，ρ，τ 是六个实数参量，可以通过么正变换对角化求出值，并得到在波函数 $|u\rangle$ 下 H_{sp} 本征值.

4.3.3　双模光机械腔 BEC 系统的能量泛函

当 α_1=0,α_2=0 在这种条件下基态能量

$$E_{\mathrm{sp}}=\pm\frac{N}{2}\omega_a \tag{4.3.5}$$

当 $\alpha_1\neq 0,\alpha_2\neq 0$，

$$\cos\chi=\frac{\omega_0}{\sqrt{\omega_a^{\ 2}+\frac{4}{N}(g_1\gamma_1+g_2\gamma_2)^2}}$$

$$E_{\mp}(\gamma_1,\gamma_2,\rho,\tau)=\left(\omega_1-\frac{2\zeta\rho\cos\tau}{\sqrt{N}}\right)\gamma_1^{\ 2}+\omega_2\gamma_2^{\ 2}+\omega_b\rho^2\mp\frac{N}{2}\sqrt{\omega_a^{\ 2}+\frac{4}{N}(g_1\gamma_1+g_2\gamma_2)^2} \tag{4.3.6}$$

是关于参数 $\mu(\gamma_1,\gamma_2,\rho,\varphi)$ 的能量函数 $E_{\mp}$，从能量函数 $\partial E_{\mp}/\partial\tau$，$\partial E_{\mp}/\partial\rho=0$ 的通常极值条件可以得到

$\sin\tau = 0$，$\rho = \dfrac{\zeta\gamma_1^2\cos\tau}{\omega_b\sqrt{N}}$ 令 $\cos^2\tau = 1$ 可得能量泛函

$$E_{\mp}(\gamma_1,\gamma_2,\rho,\tau) = \left(\omega_1 - \frac{2\zeta^2}{\omega_b N}\right)\gamma_1^2 + \omega_2\gamma_2^2 + \omega_b\rho^2 \mp \frac{N}{2}\sqrt{\omega_a^2 + \frac{4}{N}(g_1\gamma_1 + g_2\gamma_2)^2} \tag{4.3.7}$$

4.3.4 Hessian 矩阵的本征值判定法

能量函数 $E_{\mp}(\gamma_1,\gamma_2)$ 对光子 γ_1 和 γ_2 解的极值条件

$$\begin{aligned}\frac{\partial E_{\mp}}{\partial\gamma_1} &= 2\omega_1\gamma_1 - \frac{4\zeta\rho\cos\varphi\gamma_1}{\sqrt{N}} \mp \frac{2g_1(g_1\gamma_1 + g_2\gamma_2)}{\sqrt{\omega_a^2 + \dfrac{4}{N}(g_1\gamma_1 + g_2\gamma_2)^2}} \\ &= 2\omega_1\gamma_1 - \frac{4\zeta^2\gamma_1^3}{\omega_b N} \mp \frac{2g_1(g_1\gamma_1 + g_2\gamma_2)}{\sqrt{\omega_a^2 + \dfrac{4}{N}(g_1\gamma_1 + g_2\gamma_2)^2}}\end{aligned} \tag{4.3.8}$$

同时

$$\frac{\partial E_{\mp}}{\partial\gamma_2} = 2\omega_2\gamma_2 \mp \frac{2g_2(g_1\gamma_1 + g_2\gamma_2)}{\sqrt{\omega_a^2 + \dfrac{4}{N}(g_1\gamma_1 + g_2\gamma_2)^2}} = 0 \tag{4.3.9}$$

从公式（4.3.8）知，$\gamma_{s2}^{+} \neq 0$ 值不存在，但当 $\gamma_{s2}^{+} = 0$，γ_{s1}^{+} 存在并满足

$$\frac{\partial E_{+}}{\partial\gamma_1} = 2\omega_1\gamma_1 - \frac{4\zeta^2\gamma_1^3}{\omega_b\sqrt{N}} + \frac{2g_1^2\gamma_1}{\sqrt{\omega_a^2 + \dfrac{4}{N}g_1\gamma_1}} \tag{4.3.10}$$

稳定性基于

$$\frac{\partial^2 E_{+}}{\partial\gamma_1^2} = 2\omega_1 - \frac{12\zeta^2\gamma_1^2}{\omega_b\sqrt{N}} + \frac{2g_1^2}{\sqrt{\left(\omega_a^2 + \dfrac{4}{N}(g_1\gamma_1)^2\right)^{\frac{3}{2}}}} \tag{4.3.11}$$

$\dfrac{\partial^2 E_{+}}{\partial\gamma_1^2} > 0$，二阶导数大于零，属于稳定的状态，$\dfrac{\partial^2 E_{+}}{\partial\gamma_1^2} < 0$，属于不稳定状态. 可能有非零解是 γ_{s1}^{-}，γ_{s2}^{-}，γ_{s1}^{+}.

定义点 $p(g_1,g_2)$ 处的函数 $E_{\mp}(\gamma_1,\gamma_2)$ 的 Hessian 矩阵

$$H=\begin{vmatrix}\dfrac{\partial^2 E_{\mp}}{\partial\gamma_1^2} & \dfrac{\partial^2 E_{\mp}}{\partial\gamma_1\partial\gamma_2}\\ \dfrac{\partial^2 E_{\mp}}{\partial\gamma_1\partial\gamma_2} & \dfrac{\partial^2 E_{\mp}}{\partial\gamma_2^2}\end{vmatrix} \tag{4.3.12}$$

当 Hessian 矩阵的本征值都是大于零时，$E_{\mp}(\gamma_1,\gamma_2)$ 是 $p(g_1,g_2)$ 的最小值，且系统是稳定的. 如果本征值有正的也有负值，是处于不稳定状态的. 能量函数 $E_{\mp}(\gamma_1,\gamma_2)$ 的二阶导数

$$\frac{\partial^2 E_{\mp}}{\partial\gamma_1^2}=2\left(\omega_1-\frac{6\zeta^2}{\omega_b}\frac{\gamma_1^2}{N}\mp\frac{g_1^2\omega_a^2}{N\left(\omega_a^2+\dfrac{4}{N}(g_1\gamma_1+g_2\gamma_2)^2\right)^{3/2}}\right) \tag{4.3.13}$$

$$\frac{\partial^2 E_{\mp}}{\partial\gamma_2^2}=2\omega_2\mp\frac{2g_2^2\omega_a^2}{N\left(\omega_a^2+\dfrac{4}{N}(g_1\gamma_1+g_2\gamma_2)^2\right)^{3/2}} \tag{4.3.14}$$

$$\frac{\partial^2 E_{\mp}}{\partial\gamma_1\partial\gamma_2}=\frac{\partial^2 E_{\mp}}{\partial\gamma_2\partial\gamma_1}=\mp\frac{2g_1g_2\omega_a^2}{N\left(\omega_a^2+\dfrac{4}{N}(g_1\gamma_1+g_2\gamma_2)^2\right)^{3/2}} \tag{4.3.15}$$

总是存在零解 $\gamma_1=0$，$\gamma_2=0$，N_+ 表示的反转自旋态 (⇑) 和 N_- 表示正常自旋 (⇓) 都属于 NP 状态.

本征值
$$[H_-]=\begin{vmatrix}2\omega_1-\dfrac{2g_1^2}{\omega_a} & -\dfrac{2g_1g_2}{\omega_a}\\ -\dfrac{2g_1g_2}{\omega_a} & 2\omega_2-\dfrac{2g_2^2}{\omega_a}\end{vmatrix}$$

H_- 正定矩阵的条件，发现用 N_- 表示的正常自旋 (⇓) 的 NP 状态只存在于

$$\frac{g_1^2}{\omega_1\omega_a}+\frac{g_2^2}{\omega_2\omega_a}<1 \text{ 和 } g_1^2<\omega_1\omega_a \tag{4.3.16}$$

正常相 N_- 是稳定状态并且具有非零解. 获得满足方程的临界点为

$$\frac{g_1^2}{\omega_1\omega_a}+\frac{g_2^2}{\omega_2\omega_a}=1 \tag{4.3.17}$$

机械振子不影响 NP 和临界点方程.

特征值 $$[H_+]=\begin{vmatrix} 2\omega_1+\dfrac{2g_1^2}{\omega_a} & \dfrac{2g_1g_2}{\omega_a} \\ \dfrac{2g_1g_2}{\omega_a} & 2\omega_2+\dfrac{2g_2^2}{\omega_a} \end{vmatrix}$$

$(g_1,g_2)\in$实数，在整个区域中，正常相 N_+ 存在，非零解不存在.

4.3.5 首先考虑共振时的情况

4.3.5.1 首先划分区域

选择参数 $g_1,g_2\in[0,2]$，$\omega_1/\omega_a=\omega_2/\omega_a=1$，$\omega_a=1$. g_1 和 g_2 的平面划分为五个区域，分别取每个平面上的点来判断这些区域的稳定性，如图 4.3.2 所示.

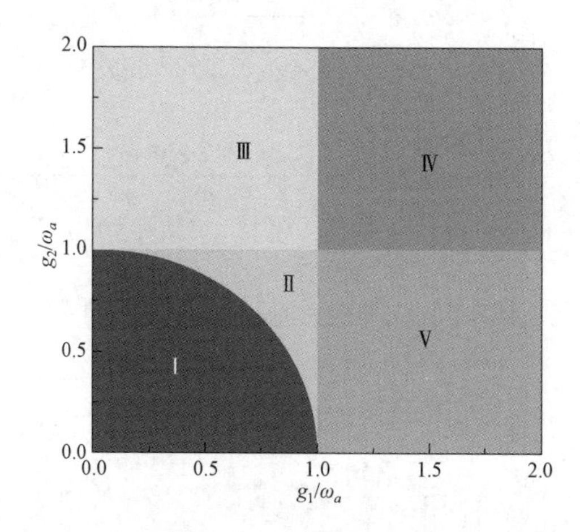

图 4.3.2　g_1 和 g_2 的平面被分成五个区域，在Ⅰ区域 $g_1^2+g_2^2\leqslant1$；在区域Ⅱ中 $g_1^2+g_2^2>1$，并且 $g_1<1$，$g_2<1$；在区域Ⅲ中 $g_1<1$，$g_2<1$，在第四区域 $g_1>1$，$g_2>1$，在第五个区域中 $g_1>1$，$g_2<1$

用数值解法求解每个区域中的光子数目由公式（4.3.8）和公式（4.3.9）推算出 γ_1，γ_2，代入 Hessian 矩阵由它的本征值确定稳定性. 每个区域获取的数据在经过计算后列在一系列表中.

$$p_{11}=\frac{\partial^2E_{\mp}}{\partial\gamma_1^2}\quad p_{22}=\frac{\partial^2E_{\mp}}{\partial\gamma_2^2}\quad p_{12}=\frac{\partial^2E_{\mp}}{\partial\gamma_1\partial\gamma_2}\quad p_{21}=\frac{\partial^2E_{\mp}}{\partial\gamma_2\partial\gamma_1}\qquad(4.3.18)$$

$$\overline{\gamma_1^2}=\frac{\gamma_1^2}{N}\quad \overline{\gamma_2^2}=\frac{\gamma_2^2}{N}\quad \varepsilon=\frac{E_{\mp}}{\omega_a N} \tag{4.3.19}$$

4.3.5.2　列出几种类型的表格

表 4.3.1　$\zeta=0$, ε_-

区域	(g_1,g_2)	$(\overline{\gamma_1^2},\ \overline{\gamma_2^2})$	ε_-	$H_-=\begin{bmatrix}p_{11} & p_{12}\\ p_{21} & p_{22}\end{bmatrix}$	特征值$[H_-]$
Ⅰ	(0.3,0.4)	(0,0)	−0.5	$\begin{bmatrix}1.82 & -0.24\\ -0.24 & 1.68\end{bmatrix}$	(2,1.5)
Ⅱ	(0.8,0.7)	(0.034 7,0.026 6)	−0.503 7	$\begin{bmatrix}1.112\,9 & -0.776\,2\\ -0.776\,2 & 1.320\,8\end{bmatrix}$	(2,0.433 7)
Ⅲ	(0.6,1.6)	(0.079 4,0.564 9)	−0.815 6	$\begin{bmatrix}1.971\,1 & -0.071\,1\\ -0.071\,1 & 1.794\,3\end{bmatrix}$	(2,1.765 4)
Ⅳ	(1.5,1.5)	(0.534 7,0.534 7)	−1.180 6	$\begin{bmatrix}1.950\,6 & -0.049\,4\\ -0.049\,4 & 1.950\,6\end{bmatrix}$	(2,1.901 2)
Ⅴ	(1.5,0.5)	(0.472 5,0.052 5)	−0.725	$\begin{bmatrix}1.711\,9 & -0.096\,0\\ -0.096\,0 & 1.968\,0\end{bmatrix}$	(2,1.680 0)

同理，当$\zeta/\omega_a=1.0$, ε_-时，结合公式进行推导，得出特征值$[H_-]$.

表 4.3.2　$\zeta/\omega_a=1.0$, ε_-

区域	(g_1,g_2)	$(\overline{\gamma_1^2},\overline{\gamma_2^2})$	ε_-	$H_-\begin{bmatrix}p_{11} & p_{12}\\ p_{21} & p_{22}\end{bmatrix}$	特征值$[H_-]$
Ⅰ	(0.4,0.3)	(4.592 5,0.017 16)	1.258 5	$\begin{bmatrix}-3.543\,6 & -0.032\,6\\ -0.032\,6 & 1.967\,4\end{bmatrix}$	(−3.543 8,1.967 6)
Ⅱ	(0.7,0.8)	$\begin{cases}(4.177\,1,0.147\,8)\\(0.027\,3,0.035\,3)\end{cases}$	$\begin{cases}0.771\,4\\-0.503\,8\end{cases}$	$\begin{bmatrix}\begin{bmatrix}-3.033 & -0.023\,7\\ -0.023\,7 & 1.973\,0\end{bmatrix}\\ \begin{bmatrix}1.292\,9 & -0.770\,7\\ -0.770\,7 & 1.119\,2\end{bmatrix}\end{bmatrix}$	$\begin{cases}(-0.033\,4,1.973\,1)\\(1.981\,6,0.430\,5)\end{cases}$
Ⅲ	(0.8,1.2)	$\begin{cases}(4.025\,8,0.343\,9)\\(0.130\,3,0.278\,1)\end{cases}$	$\begin{cases}0.386\,6\\-0.641\,8\end{cases}$	$\begin{bmatrix}\begin{bmatrix}-2.843\,1 & -0.018\,2\\ -0.018\,2 & 1.972\,7\end{bmatrix}\\ \begin{bmatrix}1.704\,8 & -0.208\,2\\ -0.208\,2 & 1.687\,8\end{bmatrix}\end{bmatrix}$	$\begin{cases}(-2.843\,2,1.972\,8)\\(1.904\,6,1.488\,0)\end{cases}$
Ⅳ	(1.5,1.5)	$\begin{cases}(2.766\,9,0.551\,9)\\(0.743\,9,0.539\,0)\end{cases}$	$\begin{cases}-1.090\,7\\-1.219\,0\end{cases}$	$\begin{bmatrix}\begin{bmatrix}-1.331\,9 & -0.011\,6\\ -0.011\,6 & 1.988\,4\end{bmatrix}\\ \begin{bmatrix}1.704\,8 & -0.208\,2\\ -0.208\,2 & 1.687\,8\end{bmatrix}\end{bmatrix}$	$\begin{cases}(-1.322\,0,1.988\,4)\\(1.963\,2,1.067\,3)\end{cases}$

续表

区域	(g_1,g_2)	$(\overline{\gamma}_1^2,\overline{\gamma}_2^2)$	ε_-	$H_-\begin{bmatrix}p_{11} & p_{12}\\ p_{21} & p_{22}\end{bmatrix}$	特征值$[H_-]$
V	(1.2,0.8)	$\begin{cases}(3.401\,5,0.154\,0)\\(0.325\,2,0.126\,3)\end{cases}$	$\begin{cases}-0.177\,6\\-0.649\,1\end{cases}$	$\begin{cases}\begin{bmatrix}-2.107\,2 & -0.014\,1\\-0.014\,1 & 1.990\,7\end{bmatrix}\\\begin{bmatrix}1.331\,9 & -0.185\,3\\-0.185\,3 & 1.876\,5\end{bmatrix}\end{cases}$	$\begin{cases}(-2.107\,3,1.990\,7)\\(1.933\,6,1.274\,8)\end{cases}$

当$\gamma=0$时，Ⅳ区和Ⅴ区如图所示，由ε_+得出特征值$[H_+]$

表 4.3.3　$\gamma_1=\gamma_2=0$，$\zeta/\omega_a=1$，ε_+

区域	(g_1,g_2)	$(\overline{\gamma}_1^2,\overline{\gamma}_2^2)$	ε_+	$H_+\begin{bmatrix}p_{11} & p_{12}\\ p_{21} & p_{22}\end{bmatrix}$	特征值$[H_+]$
Ⅳ	(1.9，1.5)	(0.0)	0.5	$\begin{bmatrix}9.22 & 5.7\\5.7 & 6.5\end{bmatrix}$	(13.72，2.0)
Ⅴ	(1.9，1.5)	(0.0)	0.5	$\begin{bmatrix}9.22 & 5.7\\5.7 & 6.5\end{bmatrix}$	(9.72，2.0)

表 4.3.3 是当$\gamma_2=0$，$\zeta/\omega_a=1,\varepsilon_+$ 二阶导时，根据公式求出 $\partial^2E_+/\partial\gamma_1^2$，$\zeta/\omega_a=1.5$ 也有类似的表格.

表 4.3.4　$\gamma_2=0$，$\zeta/\omega_a=1$，ε_+

$g_1=g$	$\overline{\gamma}_1^2$	ε_+	$\dfrac{\partial^2E_+}{\partial\gamma_1^2}$
0.4	5.091 0	3.531	−4.072 8
0.8	5.061 4	4.367 6	−4.049 1
1.2	5.043 7	5.240 8	−4.035 0
1.6	5.033 6	6.124 3	−4.026 9

从表 4.3.1 和表 4.3.2 可以看出，当$\zeta=0$时，能量泛函E_-对于一个给定的(g_1,g_2)，可以得到一组解$(\overline{\gamma}_1,\overline{\gamma}_2)$满足$\partial E_\mp/\partial\gamma_1=0$和$\partial E_-/\partial\gamma_2=0$，代入 Hessian 矩阵中，这是一组正数特征值，E_-具有最小值，并且系统处于稳定状态，存在稳定的正常相和超辐射相. 当$\zeta/\omega_a=1.0$和$\zeta/\omega_a=1.5$时，有两组非零的光子数解，其中一个不稳定，不稳定解由转折点g_t约束. 另一组解是稳定的，在相变点g_c和转折点g_t之间，这两组解的约束随ζ的增大而增大，表 3 说明能

量为 N_+ 的正常相，表 4 说明 γ_{s1}^+ 是不稳定的.

4.3.6　画出相图和物理量的线图

4.3.6.1　关于 g_1 和 g_2 平面的相图

图 4.3.3 中，(a)$\zeta=0$　(b)$\zeta=1$　(c)$\zeta=1.5$，SP 受到 g_c 和 g_t 两条边界线的限制.（a）显示在临界点 g_c，相变从 NP(N_) 到 SP. SP 的区域从 g_c 延伸到无穷大. 另一方面，SP 的区域随着 ζ(b)和(c)的增加而减小. 从表 1 和图 4.3.3（a）可以看出，在标准单模 Dicke 模型中，两模 Dicke 模型存在从正常相到超辐射相的量子相变，但也存在双稳态 $NP_{bi}(N_-,N_+)$ 和共存态 $SP_{bi}(S_-,N_+)$，从表 4.3.2 和图 4.3.2 可以看出，Ⅳ和Ⅴ区和图 4.3.3（b）（c），NP(N_),SP,NP(N₊) 状态，g_c 是量子相变的边界，然而，由转折点线 g_t 定界，超过这个点，SP 通过纳米机械振子的共振阻尼而塌缩.

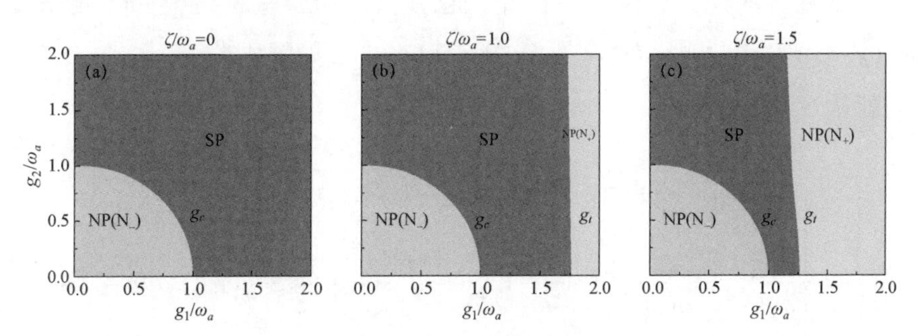

图 4.3.3　$g_1 \sim g_2$ 平面中的相图

4.3.6.2　平均光子数，原子布居数分布，平均能量

参数采用 $g_1/\omega_a = g_2/\omega_a = g/\omega_a$

波函数 $\left|\psi_\mp\right\rangle$ 中 SP 的平均光子数很明显

$$n_{p1}=\begin{cases}\dfrac{\left\langle\psi_-\left|a_1^\dagger a_1\right|\psi_-\right\rangle}{N}=\dfrac{\gamma_{1-}^2}{N}=\begin{cases}\gamma_{s1}^-\\\gamma_{us1}^-\end{cases}\\[2ex]\dfrac{\left\langle\psi_+\left|a_1^\dagger a_1\right|\psi_+\right\rangle}{N}=\dfrac{\gamma_{1+}^2}{N}=\gamma_{us1}^+\end{cases}\tag{4.3.20}$$

$$n_{p2}=\frac{\left\langle\psi_-\left|a_2^\dagger a_2\right|\psi_-\right\rangle}{N}=\frac{\gamma_{2-}^2}{N}=\begin{cases}\gamma_{s2}^-\\\gamma_{us2}^-\end{cases}\tag{4.3.21}$$

有五个非零解，其中两个在γ_{s1}^{-}和γ_{s2}^{-}及光子的数量方面是稳定的对于超辐射阶段的正常阶段N_{-}，其中两个是不稳定的，就γ_{us1}^{-}和γ_{us2}^{-}为波函数$|\psi_{-}\rangle$，对于波函数$|\psi_{+}\rangle$和不稳定的γ_{s1}^{+}，还有一个稳定的零解N_{+}.

原子布居数

$$\Delta n_a=\begin{cases}\dfrac{\langle\psi_{-}|J_z|\psi_{-}\rangle}{N}=\begin{cases}\dfrac{-1}{2\sqrt{1+4(g_1\gamma_{s1}^{-}+g_2\gamma_{s2}^{-})^2/\omega_a^2}}\\ \dfrac{-1}{2\sqrt{1+4(g_1\gamma_{us1}^{-}+g_2\gamma_{us2}^{-})^2/\omega_a^2}}\end{cases}\\ \dfrac{\langle\psi_{+}|J_z|\psi_{+}\rangle}{N}=\dfrac{1}{2\sqrt{1+4(g_1\gamma_{s1}^{+})^2/\omega_a^2}}\end{cases}\tag{4.3.22}$$

一组稳定的光子对应于正常相到超辐射相的分布，另一组相对于不稳定的原子分布是不稳定的，其对应于 NP 中的已知值，即状态N_{-}原子布居数分布是$\Delta n_{a-}(\gamma_{-}=0)=-1/2$，状态$\mathrm{N}_{+}$是$\Delta n_{a+}(\gamma_{+}=0)=1/2$如图 4.3.4 所示. 每个原子的平均能量

$$\varepsilon=\begin{cases}\dfrac{\omega_1}{\omega_a}\gamma_{s1}^{-}-\dfrac{\zeta^2}{\omega_b\omega_a}\gamma_{s1}^{-2}+\dfrac{\omega_2}{\omega_a}\gamma_{s2}^{-}-\dfrac{1}{2}\sqrt{1+4(g_1\gamma_{s1}^{-}+g_2\gamma_{s2}^{-})^2/\omega_a^2}\\ \dfrac{\omega_1}{\omega_a}\gamma_{us1}^{-}-\dfrac{\zeta^2}{\omega_b\omega_a}\gamma_{us1}^{-\,2}+\dfrac{\omega_2}{\omega_a}\gamma_{us2}^{-}-\dfrac{1}{2}\sqrt{1+4(g_1\gamma_{us1}^{-}+g_2\gamma_{us2}^{-})^2/\omega_a^2}\\ \dfrac{\omega_1}{\omega_a}\gamma_{s1}^{+}-\dfrac{\zeta^2}{\omega_b\omega_a}\gamma_{s1}^{+2}+\dfrac{1}{2}\sqrt{1+4(g_1\gamma_{s1}^{+})^2/\omega_a^2}\end{cases}\tag{4.3.23}$$

图 4.3.4 在（1）中示出了两个 Dicke 模型$(\zeta=0)$的典型相变，其中g_c是$\mathrm{NP(N_{-})}$和$\mathrm{SP}(\gamma_{s1}^{-},\gamma_{s2}^{-})$和$\mathrm{SP}(\gamma_{us1}^{-},\gamma_{us2}^{-})$ (γ_{us1}^{+}). SP 在转折点g_t塌缩，（2）和（3）处零光子状态N_{+}变为基态. 系统经历从 SP 到$\mathrm{NP(N_{+})}$的二级量子相变. 在转折点g_t以外，零光子状态转变回到上部分支(γ_{us1}^{+}). 图 4.3.4（1）中显示出了两个 Dicke 模型$(\zeta=0)$的典型相变，其中$g_c/\omega_a=0.707$是$\mathrm{NP(N_{-})}$和$\mathrm{SP}(\gamma_{s1}^{-})$和$\mathrm{SP}(\gamma_{s2}^{-})$. SP 在折点$g_t$（2），（3）$g_t/\omega_a=1.736,1.195$处折叠，并且零光子状态$N_{+}$变为基态. 系统经历从 SP 到$\mathrm{NP(N_{+})}$的第二阶段转变. 除转折点$g_t$以外，非零光子状态$n_{p1}$转回到上分支$\gamma_{us1}^{-}$和$\gamma_{us1}^{+}$，单模光学机械系统也可获得类似的结果.

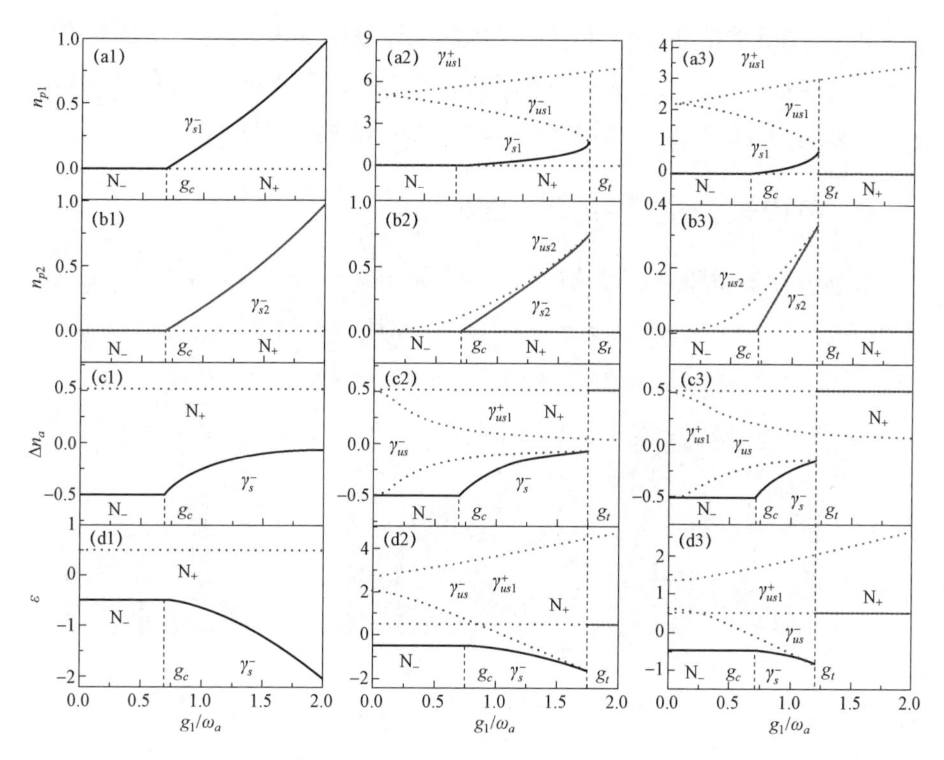

图 4.3.4　平均光子数 n_{p_1}(a) 平均光子数 n_{p_2}(b) 原子布居数分布 Δn_a(c) 和平均能量 ε(d)

4.3.7　$g \sim \zeta$ 平面相图

当 $g_1 = g$ 和 $g_2 = (1+\delta)g$ 时，可以画出 g 和 ζ 的图形，如图 4.3.5 所示.

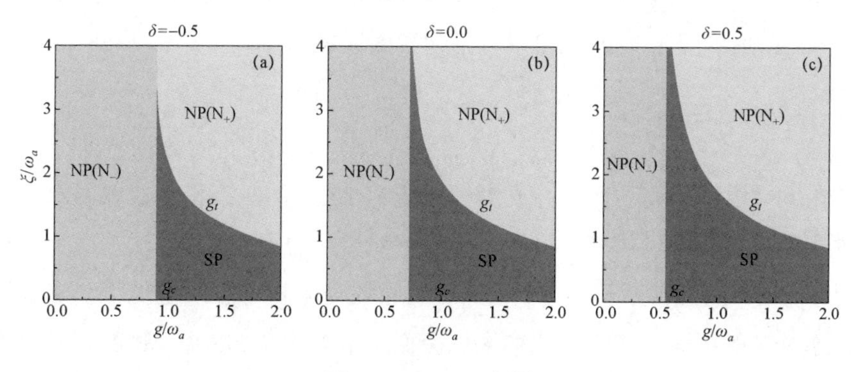

图 4.3.5　$g \sim \zeta$ 相图

由图 4.3.5 可知(a)$\delta=-0.5$　(b)$\delta=0.0$　(c)$\delta=0.5$　SP 由g_c和g_t两条边界线限制. 随着δ的增加（b）和（c）SP 的区域增加. g_1和g_2的关系是当δ取一定数值时确定的，g_c与ζ无关，随着g_2的增加，相变点向g减小的方向移动，g_c/ω_a分别为 0.894 4，0.707 1，0.554 7，超辐射 SP 的区域增加.

4.3.8　考虑失谐时特殊情况下的相图

光场失谐的相图进行讨论，其中$\omega_1/\omega_a=1-\Delta/\omega_a$，$\omega_2/\omega_a=1+\Delta/\omega_a$，$\omega_b=10\omega_a$，$\omega_a=1$，$g_1=g_2=g$，$\Delta/\omega_a\in[-1,1]$ g和Δ的相图如图 4.3.6 所示.

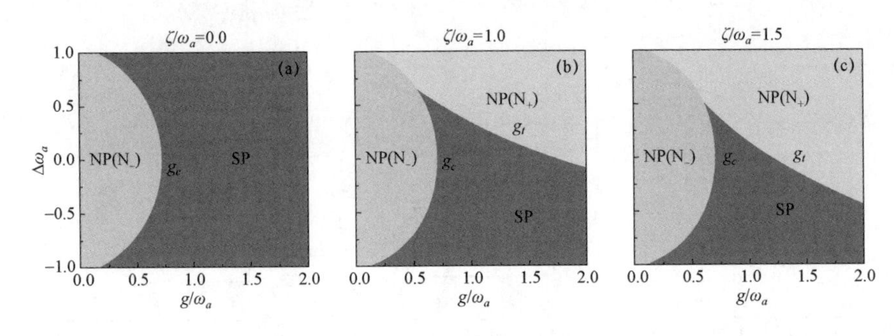

图 4.3.6　g和Δ的相图

图 4.3.6 中(a)$\zeta=0$　(b)$\zeta/\omega_a=1.0$　(c)$\zeta/\omega_a=1.5$，SP 由两条边界线g_c和g_t限制.（b）和（c）SP 的区域随着ζ的增加而减小，N_+是最低能量态. 相变点$g_c=\sqrt{2(1-\Delta^2)}/2$，$g_c$可以从 0 到最大值$\sqrt{2}/2$，当$\zeta=0$时，只有正常相 NP 和超辐射相 SP，当$\zeta/\omega_a=1,1.5$，最低能态$N_+$，SP 受两条$g_c$和$g_t$的边界线限制.（b）和（c）显示了 SP 的区域随着ζ的增加而减小. 机械振子根本不影响 NP 和临界点g_c，但是它影响了超辐射区域.

4.3.9　结论与讨论

在本节中，研究了两模腔光力学系统中 BEC 的基态特性，并展示了如何通过控制非线性光子－声子相互作用来控制相图. SCS 变分方法是研究具有任意原子数 N 的各种原子系统的基态. 当腔场处于相干态或换句话说宏观量子态，通过辐射压与腔模耦合的纳米机械振子不影响从 NP 到 SP 的相变边界，然而由于机械振子的共振阻尼，SP 状态在转折点处塌缩. 作为一个坍塌的反转

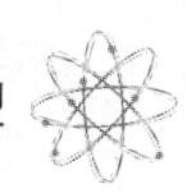

自旋 (⇑) 的结果是零光子态 N_+ 成为基态和附加相从 SP 转换到 NP(N_+) 发生在转折点. 特别是通过操纵光子–声子耦合实现两个原子级之间的直接原子布居数转移. 这个新颖的观察可能有激光物理学中的技术应用. 在没有机械振荡器 ($\zeta = 0$) 的情况下，结果恢复到了双模 Dicke 模型的基态特性.

参考文献

［1］ Shen Bin, Zhan Yongjun, Yashar Komijani, et al. Strange-metal behaviour in a pure ferromagnetic Kondo lattice［J］. Nature, 2020, 579: 51-55.

［2］ Dicke R H. Coherence in spontaneous radiation process［J］. Phys. Rev, 1954, 93: 99.

［3］ Hepp K, Lieb E H. On the superradiant phase transition for molecules in a quantized radiation field: the dicke maser model［J］. Annals of Phys, 1973, 76: 360.

［4］ Hioe F T. Phase transition in some generalized Dicke models of superradiance［J］. Phys. Rev. A, 1973, 8: 1440.

［5］ Comer Duncan G. Effect of antiresonant atom-field interactions on phase transitions in the Dicke model［J］. Phys. Rev. A, 1974, 9: 418.

［6］ Hepp K, Lieb E H. Equilibrium statistical mechanics of matter interacting with the quantized radiation field［J］. Phys. Rev. A, 1973, 8: 2517.

［7］ Emeljanov V I, Klimontovich Yu L. Appearance of collective polarisition as aresult of phase transition in an ensemble of two-level atoms, interacting through electromagnetic field［J］. Phys. Lett, 1976, 59: 366.

［8］ Baumann K, Guerlin C, Brennecke F, et al. Dicke quantum phase transition with a superfluid gas in an optical cavity［J］. Nature (London), 2010, 464: 1301.

［9］ Baumann K, Mottl R, Brennecke F, et al. Exploring symmetry breaking at the Dicke quantum phase transition［J］. Phys. Rev. Lett, 2011, 107: 140402.

［10］ Brennecke F, Mottl R, Baumann K, et al. Real-time observation of fluctuations at the driven-dissipative Dicke phase transition［J］. Proceedings of the National Academy of Sciences of the United States of America, 2013, 110: 11763.

［11］ Zhao Xiuqin, Liu Ni, Liang J Q. Nonlinear atom-photon-interaction-induced population inversion and inverted quantum phase transition of Bose-Einstein condensate in an optical cavity［J］. Phys. Rev. A, 2014, 90; 023622.

［12］ 吉睿，刘妮，梁九卿. 原子–原子相互作用影响下 Dicke 模型的量子相变［J］. 量子光学学报，2016，22（3）：254-262.

［13］ Zhang K, Meyst P, Zhang W. Role Reversal in a Bose-condensed Optomechanical System［J］. Phys Rev Lett, 2012, 108: 240405.

［14］ Paternostro M, Chiara G De, Palma G M. Cold-Atom-Induced control of an optomechanical device［J］. Phys Rev Lett, 2010, 104: 243602.

［15］ Sinatra A, Castin Y, Witkowska E. Coherence time of a Bose-Einstein condensate［J］. Phys. Rev. A, 2009, 80: 033614.

［16］ Ng H T, Bose S. Single-atom-aided probe of the decoherence of a Bose-Einstein condensate［J］. Phys. Rev. A, 2008, 78: 023610.

［17］ Reijnders J W, Duine R A. Pinning of vortices in a Bose-Einstein condensate by an optical Lattice［J］. Phys. Rev. Lett, 2004, 93: 060401.

［18］ Brennecke F, Donner T, Ritter S, et al. Cavity QED with a Bose-Einstein condensate［J］. Nature (London), 2007, 450(8): 268-271.

［19］ Sondhi S L, Girvin S M, Carini J P, et al. Continuous quantum phase transitions［J］. Review of Modern Physics, 1996, 69(1): 315.

［20］ Sachdev S. Quantum phase transitions［J］. Physics Today, 2001, 54(8): 789.

［21］ Vojta M. Quantum phase transitions［J］. Reports on Progress in Physics, 2003, 66(12): 2069.

［22］ Vidal J, Palacios G, Mosseri R. Entanglement in a second-order quantum phase transition［J］. Phys. Rev. A, 2004, 69: 022107.

［23］ Osterloh A, Amico L, Falci G, et al. Scaling of entanglement close to a quantum phase transition［J］. Nature, (London), 2002, 416: 608.

［24］ Osborne T J, Nielsen M A. Entanglement in a simple quantum phase transition Phys［J］. Rev. A, 2002, 66: 032110.

［25］ 陈刚. 微腔中多体系统的新奇量子相变及其调控［D］. 太原：山西大学，2009：4-7.

［26］ Hillery M, Mlodinow L D. Semiclassical expansion for nonlinear dielectric media［J］. Phys. Rev. A, 1984, 31: 797.

［27］ Liu Ni, Lian Jinling, Ma Jie, et al. Light-shift-induced quantum phase transitions of a Bose- Einstein condensate in an optical cavity［J］. Phys. Rev. A, 2011, 83: 033601.

［28］ Liu Ni, Li Jiangdan, Liang J Q. Non-equilibrium quantum phase transition of Bose-Einstein condensates in an optical cavity［J］. Phys. Rev. A, 2013, 87: 053623.

［29］ 刘妮. 微腔中的超冷原子及量子相变［D］. 太原：山西大学，2013：56-61.

［30］ Emary C, Brand T. Chaos and the quantum phase transition in the Dicke model. Phys Rev E, 2003, 67: 066203-1-066203-8.

［31］ Dennis Tolkunov, Dmitry Solenov. Quantum phase transition in the multimode Dicke model［J］. Physical Rev B, 2007, 75: 024402.

［32］ Arecchi F T, Courtens E, Gilmore R, et al. Atomic coherent states in quantum optics［J］. Phys. Rev. A, 1972, 6: 2212.

［33］ Zhang W M, Feng D H, Gilmore R. Coherent states: Theory and some applications［J］. Rev. Mod. Phys, 1990, 62: 867-927.

［34］ 曾谨言. 量子力学［M］. 3 版. 北京：科学出版社，2001：73-151.

［35］ 徐在新. 高等量子力学［M］. 上海：华东师范大学出版社，1994：180-190.

［36］ 梁九卿，韦联福. 量子物理新进展［M］. 北京，科学出版社，2011：56-57.

［37］ Rempe G, Walther H, Klein N. Observation of quantum collapse and revival in a one-atom maser［J］. Phys. Rev. Lett, 1987, 58: 353.

［38］ 杨晓勇. 自旋相干态变换和自旋玻色模型的基态解析解. 物理学报，2013，62：11.

［39］ Lian Jin-Ling, Zhang Yuan-Wei, Liang Jiu-Qing. Macroscopic quantum states and quantum phase transition in the Dicke model［J］. CHIN. PHYS.

LETT, 2012, 29(6): 060302.

[40] Puebla R, Relano A, Retamosa J. Excited-state phase transition leading to Symmetry breaking steady states in the Dicke model Phys [J]. Rev. A, 2013, 87: 023819-1-023819-3.

[41] Bakemeier L, Alvermann A, Fehske H. Quantum phase transition in the Dicke model with critical and noncritical entanglement [J]. Phys. Rev. A, 2012, 85: 043821-1-043821-4.

[42] Mottl R, Brennecke F, Baumann K, et al. Roton-Type Mode softening in a quantum gas with cavity-mediated long-range Interactions [J]. Science 2012, 336: 1570.

[43] Rżqzewski K, Wódkiewicz K, Żakowicz W. Phase transitions, two-level atoms, and the A2 Term [J]. Phys. Rev. Lett, 1975, 35: 432.

[44] Gang Chen, Dingfeng Zhao, Z. D. Chen. Quantum phase transition for the Dicke model with the dipole-dipole interactions [J]. Journal of Physics B, 2006, 39: 3315.

[45] Chiu Fan Lee, Neil F. Johnson. First-order superradiant phase transitions in a ultiqubit cavity system [J]. Phys Rev Lett, 2004, 93: 083001.

[46] Zhao Xiu Qin, liu Ni, Liang J Q. First-order quantum phase transition for Dicke model induced by atom-atom Interaction [J]. Commun. Theor. Phys. 2017, 67; 511-519.

[47] Lian Jinling, Liu Ni, Liang J Q, Chen Gang, et al. Ground-state properties of a Bose-Einstein condensate in an optomechanical cavity[J]. Phys Rev A, 2013, 88: 043820.

[48] Aldana S, Bruder C, Nunnenkamp A. Equivalence between an optomechanical system and a Kerr medium [J]. Phys Rev A, 2013, 88: 043826.

[49] Hamner C, Qu Chunlei, Zhang Yongping, et al. Dicke-type phase transition in a spin-orbit-coupled Bose-Einstein condensate [J]. Ncomms, 2014: 5023.

[50] Lian Jinling, Liu Ni, Liang J Q, et al. Thermodynamics of spin-orbit-coupled Bose-Einstein condensates [J]. Phys Rev A, 2012, 86; 063620.

［51］ Fan Jingtao, Yang Zhiwei, Zhang Yuanwei, et al, Hidden continuous symmetry and Nambu-Goldstone mode in a two-mode Dicke model［J］. Phys. Rev. A 2014, 89; 023812.

［52］ 俞立先，梁奇锋，汪丽蓉，等. 双模 Dicke 模型的一级量子相变［J］. 物理学报，Acta Phys. Sin. 2014，63：13420.

［53］ Bhattacherjee A B. Non-Equilibrium quantum phases of two-atom Dicke model［J］. Phy. Lett. A, 2014, 378: 3244-3247.

［54］ Zhao Xiu-Qin, Liu Ni, Liang J Q, Collective atomic-population-inversion and stimulated radiation for two-component Bose-Einstein condensate in an optical cavity［J］. Opt. Express, 2017, 7: 8123-8137.

［55］ Quezada L F, Nahmad-Achar E. Characterization of the quantum phase transition in a two-mode Dicke model for different cooperation numbers［J］. Phys. Rev. A, 2017, 95: 013849.

［56］ Jiang Cheng, Liu Hongxiang, Cui Yuanshun, et al. Controllable optical bistability based on photons and phonons in a two-mode optomechanical system［J］. Phys. Rev. A, 2013, 88: 055801.

［57］ Chen Z D, Liang J Q, Shen S Q, et al. Dynamics and Berry phase of two-species Bose-Einstein condensates［J］. Phys. Rev. A, 2004, 69: 023611.

［58］ Rong-Guo Yang, Ni Li, Jing Zhang, et al. Enhanced entanglement of two optical modes in optomechanical systems via an optical parametric amplifier［J］. Phys. B: At. Mol. Opt. Phys. 2017, 50: 085502.

［59］ A. A. Nejad, H. R. Askari, H. R. Baghshahi, Optical bistability in coupled optomechanical cavities in the presence of Kerr effect［J］. Applied Optics. 56: 2816-2820, 2017.

［60］ Niklas Mann, M. Reza Bakhtiari, Axel Pelster, et al. Nonequilibrium quantum phase transition in a hybrid atom-optomechanical system［J］. Phys. Rev. Lett. 2018, 120: 063605.

［61］ Seyedeh Hamideh Kazemi, Saeed Ghanbari, Mohammad Mahmoudi. Controllable optical bistability in a cavity optomechanical system with a Bose-Einstein condensate［J］. Laser Physics, 2016, 26(5): 055502.